氣象
Weather

術語事典
Keywords

全方位解析天氣預報等
最尖端的氣象學知識

筆保弘德／山崎哲／堀田大介／釜江陽一／大橋唯太／
中村哲／吉田龍二／下瀨健一／安成哲平‧著

陳識中‧譯

前 言
在平成史留下刻痕的天氣術語

　　平成時代（1989～2019）已悄然落幕。回首這30年，平成或許可以說是一個許許多多的人們飽受氣象災難之苦，且對天氣的觀念大幅改變的時代。

　　這裡有筆耐人尋味的資料。在日本，每年的年末，都會舉行由某本書（《現代用語的基礎知識》）的讀者和評選委員會選出該年社會上最具話題的關鍵字的「新語、流行語大賞」。而回顧平成年間被提名的所有詞彙，會意外地發現當中相當多天氣術語。以1990年的特別賞（年度常見語句獎），就是現在幾乎年年都會出現的「氣象觀測史上第一次」這個詞為首，一共有10個天氣術語得到提名。每三年就被提名一次的頻率，即使跟政治、經濟，以及其他各種文化領域相比，也相當突出。

　　分析那些入圍的天氣術語，會發現其中包括了「酷暑（猛暑）」、「熱島效應」、「猛暑日」、「災害級熱暑」等，與炎熱有關的詞彙比例相當高。可以說，平成時代是一個全球暖化引起社會關注，人們對炎熱開始變得敏感的時代。另外，其他被提名的還有「游擊式暴雨」、「線狀降水帶」等跟雨有關的名詞。像是至今仍使日本人記憶猶新，2018年7月的大豪雨，即使到了已經可以高精度預測氣象的現代，我們依然持續深受豪雨所苦。而最後兩個入圍的關鍵字，則是「炸彈氣旋」和「PM$_{2.5}$」這兩個會帶來災害的大氣現象。這些被提名的天氣術語，都是在專業領域早就存在的氣象學名詞，但隨著大眾對公眾議題的重視度提升，這些詞彙也開始

受到社會關注。

即便是在日本這個自古以來就飽受天災侵襲的國家，也從未有過這麼一個天氣術語和氣候災難如此頻繁上新聞的時代。而在未來的日子，又會有什麼樣的天氣術語受到大眾的注目呢？活在令和（2019～）這個新時代的各位讀者們，難道不想知道這些耳熟能詳的氣象名詞真正的意義嗎？

所以，本書希望用最淺顯易懂的方式，介紹這些正受到社會關注，又或是未來可能將會受到關注的天氣術語，以及針對該領域當前最新的真知灼見。本書的執筆方式，有別於過往的「知與未知」系列，不採用由研究者講解自己專門領域的書寫風格，而以電視新聞上出現的術語為主軸。不過，這次的內容也同樣集結了活躍於氣象學和天氣預報研究領域，新進氣銳的年輕研究者，為讀者們解說最尖端的知識和理論。

年	天氣術語	結果	該年的大賞
平成 2（1990）年	氣象觀測史上第一次	特別獎	模糊
平成 6（1994）年	酷暑（猛暑）	提名	發生了許多事
平成 10（1998）年	反聖嬰現象	提名	是的
平成 13（2001）年	熱島效應	提名	骨太方針
平成 19（2007）年	猛暑日	前十	靦腆王子
平成 20（2008）年	游擊式暴雨	前十	Around40
平成 24（2012）年	炸彈低氣壓	前十	夠狂野吧
平成 25（2013）年	$PM_{2.5}$	前十	就是現在
平成 29（2017）年	線狀降水帶	提名	曬Instagram
平成 30（2018）年	災害級酷暑	前十	對啊

　　首先開頭第1章要介紹的，是與「猛暑」和「大寒流」等異常氣象有關的關鍵詞彙。異常氣象，就是在全球發生的大規模現象。本章將由3位精通熱帶、中緯度、北極氣候的氣象學家，為讀者解說異常氣象是如何發生的，以及哪些天氣現象會引發異常氣象。

　　然後第2章的主題，是現在關注度最高的「全球暖化」。異常氣象跟全球暖化有何關係？北極的海冰減少會帶來哪些影響？還有，我們能採取什麼行動來防止全球暖化？本章將由2位研究全球暖化的專家來介紹與暖化有關的新聞常見名詞。

　　第3章介紹的是與「生活氣象」有關的關鍵字。所謂的生活氣象，就是與我們的日常生活最息息相關的氣象。譬如「熱傷害」和「流感的流行」，以及近年關注度迅速攀升的「PM$_{2.5}$」，還有2019年夏天引發討論的「森林大火」等等，各種常在新聞中出現的關鍵字。

　　緊接著第4章則是關於天氣預報和氣象學家做研究時不可或缺的「模擬」。所謂的模擬到底是什麼？模擬跟天氣預報的關係為何？天氣預報的幕後功臣「超級電腦」又是什麼？本章將由曾用超級電腦「京」進行研究的專家，為讀者們帶來稍微有點狂熱的解說。

　　第5章將為讀者揭密天氣預報的原理。天氣預報是怎麼做出來的呢？提升精準度的關鍵是什麼？最近常聽到的「機器學習」和「人工智慧（AI）」跟天氣預報有關係嗎？還有負責連結觀測和天氣預報的「數據同化」又是什麼？這些問題將由現役的日本氣象廳職員來進行解說。

　　最後第6章將介紹「颱風」、「游擊式暴雨」等描述強烈風、雨的術語。本章將由研究氣象災害的研究者，來介紹這些電視新聞

上經常看到，與氣象災害有著直接關係的天氣現象的最新知識。

此外，本書還收錄了與這些新聞關鍵字相關的研究者們執筆的短篇專欄。這些專欄將向讀者們分享研究者們當初是如何與這些成為新聞話題的氣象災害、現象邂逅，並決定一頭栽進入研究的故事。若有高中生或大學生在讀過這些專欄後，產生「我以後也要研究氣象」的想法，將是所有執筆者們最大的喜悅。

從平成到令和，在這個嶄新的時代，究竟有哪些天氣術語能引起大眾的關心呢！

2019年10月　　筆保弘德　山崎哲

「氣象術語事典　全方位解析天氣預報等最尖端的氣象學知識」
contents

前言　在平成史留下刻痕的天氣術語 ⋯⋯3

第1章 30年一遇？認識異常氣象的原理！

1 究竟什麼是異常氣象？ ⋯⋯14
2 西風帶會引發異常氣象？ ⋯⋯18
3 北極的氣流會引發異常氣象？ ⋯⋯22
4 熱帶的氣流會引發異常氣象？ ⋯⋯26

新聞關鍵字 1　熱帶、中緯度、極地 ⋯⋯29
新聞關鍵字 2　平流層 ⋯⋯31
新聞關鍵字 3　北極振盪 ⋯⋯33
新聞關鍵字 4　海冰 ⋯⋯35
新聞關鍵字 5　寒流 ⋯⋯37
新聞關鍵字 6　阻塞高氣壓 ⋯⋯39
新聞關鍵字 7　極地渦旋 ⋯⋯41
新聞關鍵字 8　南岸低氣壓 ⋯⋯43
新聞關鍵字 9　聖嬰現象 ⋯⋯45
新聞關鍵字 10　遙相關 ⋯⋯47
新聞關鍵字 11　天氣與氣候 ⋯⋯50

column　2014年2月的關東甲信大雪 ⋯⋯52

第2章 全球暖化的真相！

1 地球真的在變暖嗎？ ⋯⋯58
2 氣溫會升高多少？ ⋯⋯62
3 未來的預測是多數決？ ⋯⋯66
4 暖化的好處與壞處？ ⋯⋯69
5 北極正在加速暖化？ ⋯⋯73

新聞關鍵字 12　IPCC氣候報告 ⋯⋯ 76

新聞關鍵字 13　巴黎協定 ⋯⋯ 78

新聞關鍵字 14　全球暖化與異常氣象 ⋯⋯ 80

新聞關鍵字 15　全球暖化與颱風 ⋯⋯ 82

新聞關鍵字 16　全球暖化與櫻花花期 ⋯⋯ 84

新聞關鍵字 17　冰反照率回饋 ⋯⋯ 86

新聞關鍵字 18　藍色北極（Blue Arctic） ⋯⋯ 88

新聞關鍵字 19　全球暖化與平流層 ⋯⋯ 90

column　2018年7月的豪雨與我的研究 ⋯⋯ 92

第3章 氣候會對生活造成何種影響？

1 人類有辦法逃離天氣嗎？ ⋯⋯ 96

2 炎熱會帶來什麼影響？ ⋯⋯ 99

3 寒冷會帶來什麼影響？ ⋯⋯ 103

4 空氣汙染會帶來什麼影響？ ⋯⋯ 107

新聞關鍵字 20　海風 ⋯⋯ 111

新聞關鍵字 21　熱島效應 ⋯⋯ 114

新聞關鍵字 22　熱傷害 ⋯⋯ 117

新聞關鍵字 23　熱休克 ⋯⋯ 120

新聞關鍵字 24　肱川嵐 ⋯⋯ 122

新聞關鍵字 25　PM$_{2.5}$ ⋯⋯ 124

新聞關鍵字 26　森林大火 ⋯⋯ 129

column　生活氣象與我的研究 ⋯⋯ 133

第4章 氣象與電腦的世界！

1 氣象、氣候的研究為什麼需要電腦？ ⋯⋯136
2 到底什麼是超級電腦？ ⋯⋯141
3 支撐天氣預報的數值預報 ⋯⋯145
4 未來的氣象與電腦 ⋯⋯152

新聞關鍵字 27　CPU、記憶體、最快的意義 ⋯⋯155
新聞關鍵字 28　TOP500超級電腦排名 ⋯⋯157
新聞關鍵字 29　日本的超級電腦 ⋯⋯159
新聞關鍵字 30　超高解析度數值模擬 ⋯⋯161
新聞關鍵字 31　大數據分析與人工智慧 ⋯⋯163

column　預測颱風發生的必要性 ⋯⋯165

第5章 天氣預報的幕後！

1 從氣象觀測到數值預報 ⋯⋯168
2 一瞬間飛越全球的觀測資料 ⋯⋯173
3 什麼是人類解過最大規模的逆問題
　　──數據同化？ ⋯⋯176
4 預測無法用數值預報呈現的現象 ⋯⋯183
5 製作未來的情境 ⋯⋯187

新聞關鍵字 32　無線電探空儀 ⋯⋯190
新聞關鍵字 33　天氣預報與混沌的發現 ⋯⋯193
新聞關鍵字 34　決定性預報與機率預報 ⋯⋯197
新聞關鍵字 35　明日預報與季節預報 ⋯⋯199
新聞關鍵字 36　用人工智慧預報天氣？ ⋯⋯202
新聞關鍵字 37　氣象資料與生產力革命、
　　　　　　　氣象產業推進聯盟 ⋯⋯205
新聞關鍵字 38　注意報、警報、特別警報 ⋯⋯208

column　如何大幅減少游擊式暴雨 ……212

第6章 與災害直連，劇烈大氣現象的真面目！

1 暴風的真面目為何？……214

2 暴雨的真面目為何？──集中豪雨、游擊式暴雨 ……218

3 積雨雲帶來的劇烈氣象──疾風、雷、雹 ……221

4 強烈低氣壓的真面目為何？……227

新聞關鍵字 39　線狀降水帶（後造型對流）……230

新聞關鍵字 40　大氣不穩定 ……232

新聞關鍵字 41　超大胞 ……234

新聞關鍵字 42　下擊暴流 ……236

新聞關鍵字 43　颱風快速發展與颱風快速增強 ……238

新聞關鍵字 44　溫帶低氣壓化 ……240

新聞關鍵字 45　颱風與颶風的差異 ……242

新聞關鍵字 46　藤田級數 ……244

新聞關鍵字 47　JPCZ（日本海極地氣團輻合帶）……247

column　即時損害預測「cmap」……249

執筆者

第1章
　　山崎哲（1.1、1.2節，新聞關鍵字1、6、8、10、11）
　　中村哲（1.3節，新聞關鍵字2～5、7）
　　釜江陽一（1.4節，新聞關鍵字9）

第2章
　　釜江陽一（2.1～2.4節，新聞關鍵字12～16）
　　中村哲（2.5節，新聞關鍵字17～19）

第3章
　　大橋唯太（3.1～3.3節，新聞關鍵字20～24）
　　安成哲平（3.4節，新聞關鍵字25、26）

第4章
　　吉田龍二（4.1、4.2、4.4節，新聞關鍵字27～31）
　　堀田大介（4.3節）

第5章
　　堀田大介

第6章
　　筆保弘德（6.1、6.4節，新聞關鍵字43～45）
　　下瀨健一（6.2、6.3節，新聞關鍵字39～42、46、47）

第 **1** 章

30年一遇？
認識異常氣象的
原理！

1.1──究竟什麼是異常氣象？

2018年，日本發生了兩次異常氣象。第一次是在夏天，以西日本中心的大區域豪雨和之後的高溫。而另一次，則是在更之前的冬天發生的全國性低溫，以及靠日本海一側的大範圍破紀錄降雪和積雪。

異常氣象會威脅我們的生命財產，常常登上新聞。另一方面，每當新聞報導異常氣象的發生時，也常常讓我們浮現疑問，想知道這是不是全球暖化的影響？其實異常氣象和全球暖化是完全不同的現象，但兩者並非毫無關係。

▬ 異常氣象＝「極少發生的氣象狀態」

要用數值嚴格定義異常氣象很困難，但一般而言，異常氣象指的就是在特定場所或地區偶爾才發生一次的氣象狀態。

根據日本氣象廳的定義，異常氣象是指「在特定場所（地域）、時期（週、月、季節）中，發生頻率低於30年一次的現象」。因此可以說，異常氣象是一種長期住在同一地點（譬如東京或沖繩）的人，一輩子只會經歷數次的氣象。

▬ 異常氣象不只有酷暑

異常氣象包含很多不同的氣象狀態。因此，除了氣溫之外，異常氣象的發生也跟降雨量和日照時間等因素有關。

聽到異常氣象，多數人可能最容易聯想到酷暑、豪雨等，氣溫和降雨量「正偏差」（大於歷年平均值的狀態）的情況；但其實只要是數值大幅偏離歷年氣象狀態的氣候（新聞關鍵字11，P.50），全都屬於異常氣象。因此，氣溫低於歷年平均值的狀態，譬如冷夏或寒春、乾旱或寡照等降雨量或日照量的「負偏差」，只要數值大幅偏

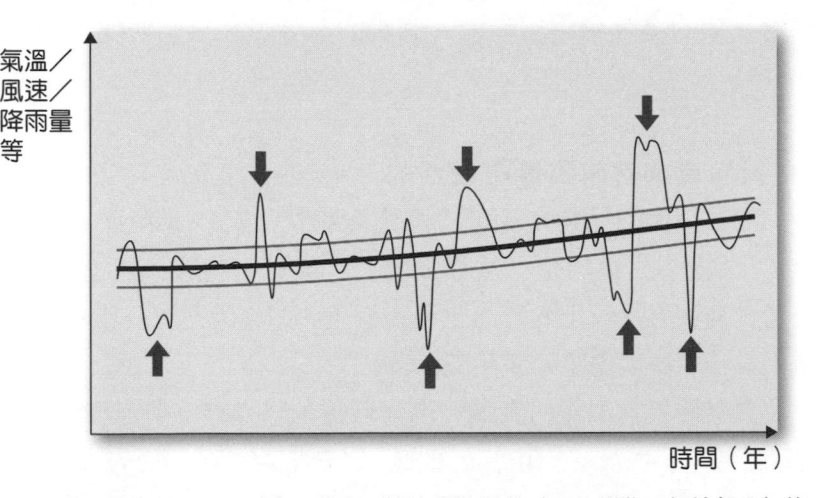

▶圖1　某場所在某季節的氣溫、降雨量等的長期變化（逐年變化，細線部分）的概念圖。粗線是數十年平均的氣候狀態，灰線是前者加上正負常數（標準差）後的範圍。所謂的異常氣象，就是數值大幅偏離平均氣候的狀態（箭頭）；而全球暖化指的則是粗線的斜率。

離歷年平均，就可稱為異常氣象（圖1）。

■ 異常氣象跟全球暖化是一樣的嗎？

　　每當發生異常氣象時，很多人可能會聯想到全球暖化，但異常氣象和全球暖化其實是完全不同的東西。因為，全球暖化跟異常氣象，在時間規模、空間規模上都截然不同。

　　在時間規模上，全球暖化是長達數十年～百年的現象，而異常氣象則發生時間短於一個季節的現象。在空間規模上，全球暖化的範圍是整個地球，而異常氣象的規模只有一個國家或一塊大陸，更屬於地區性的現象。

　　然而，全球暖化跟異常氣象也絕非完全沒有關係。因為全球暖化的時空間規模很大，所以往往也包含了異常氣象，且已知會影響

異常氣象的發生頻率和強度。詳細的部分，請參照新聞關鍵字14（P.80）。

■ 異常氣象的成因是複合性的

　　如果只侷限於特定地區的特定觀測量（氣溫、降雨量、降雪量等等），那麼異常氣象是一種鮮少發生的現象；然而，若從全球範圍來看，其實異常氣象無時無刻不在發生。這是因為，異常氣象是多種大氣和海洋現象匯聚產生的。

　　會引發異常現象的大氣、海洋現象，已知有「聖嬰現象」（新聞關鍵字9，P.45）、「阻塞高氣壓」（新聞關鍵字6，P.39）、「北極振盪」（新聞關鍵字3，P.33）等等，大氣和海洋的巨大「波動」現象。

　　這些現象都是範圍非常廣大，且進行速度十分緩慢的現象，無法像雲、雨一樣直接用肉眼觀測，不容易被察覺，但它們都是自古以來就一直存在，且每隔一段時間就會發生的現象。

　　而異常氣象則是由多種此類宏觀波動聚合而成的結果（圖2）。這些宏觀波動的聚合，每天都會在地球的某個角落發生，所以從整個星球的角度來看，這世上每天總有某個地方會發生異常氣象。

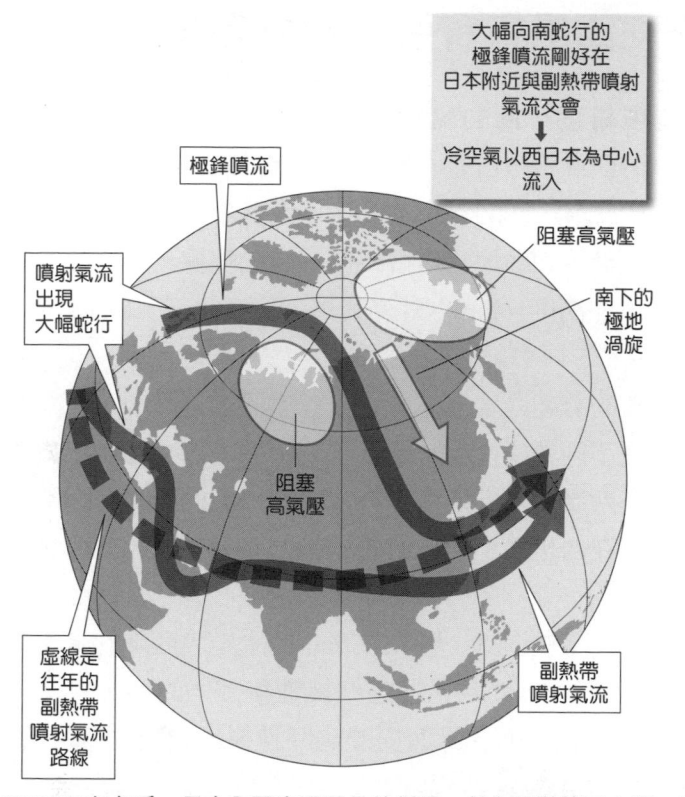

大幅向南蛇行的
極鋒噴流剛好在
日本附近與副熱帶噴射
氣流交會
↓
冷空氣以西日本為中心
流入

極鋒噴流

噴射氣流
出現
大幅蛇行

阻塞
高氣壓

虛線是
往年的
副熱帶
噴射氣流
路線

阻塞高氣壓

南下的
極地
渦旋

副熱帶
噴射氣流

▶圖2　2017/18年冬季，日本全國出現罕見的低溫，並在福井等日本海一側的地區觀測到比往年高出數倍的積雪。這也是發生在日本的一種異常氣象。這張圖是日本氣象廳對本次異常現象成因的分析。圖中顯示了噴射氣流的大幅蛇行（1.2節）和阻塞高氣壓（新聞關鍵字6，P.39），是這次異常氣象的形成原因。如同此例可見，異常氣象通常是由多個原因匯聚在一起而產生的。本圖乃是根據氣象廳「平成30年冬的天候特徵及其要因」（公布於2018年3月5日）中一部分的插圖所繪。

【參考文獻】氣象庁「気候・異常気象について」https://www.jma.go.jp/jma/kisho/know/faq/faq19.hmtl
気象庁「異常気象分析検討会 資料」https://www.data.jma.go.jp/gmd/extreme/index.html
江守正多『異常気象と人類の選択』角川SSC新書，2013年

1.2——西風帶會引發異常氣象？

■ 環繞中緯度一周的風帶

　　所謂的西風帶，就是在對流層上層（高度5～10km）吹拂，向東環繞地球中緯度一圈的氣流（圖1）。西風帶的方向，不論北半球、南半球都一樣，朝跟地球自轉相同的方向吹拂。隨著高度愈高，風速也愈快，在高度10km的對流層頂（對流層跟平流層的交界）到達最大風速。

　　西風帶的有趣之處，在於它雖然整體上是沿著中緯度環繞地球一圈，但在不同場所（經度或緯度）、季節時，吹拂的方式卻有所不同。因此，西風帶並不是在所有緯度都以相同的強度吹拂，例如在日本上空跟在西班牙上空，儘管兩地的緯度相同，但西風的強度卻不一樣。

　　另外，在某些區域，譬如在日本的上空，西風的風速有時會達到每小時數百km，而西風在這些風速特別強的地區，又叫做「噴射氣流」。不過，究竟風速要達到時速幾km以上才算噴射氣流，並沒有嚴格的定義。

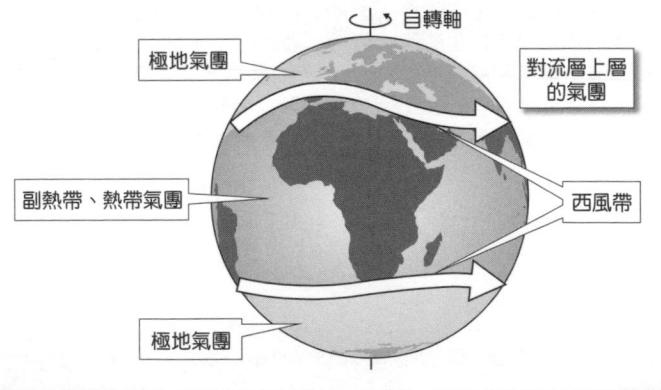

自轉軸

極地氣團

對流層上層
的氣團

副熱帶、熱帶氣團

西風帶

極地氣團

▶**圖1**　地球上的西風帶在南北半球吹拂的示意圖。西風帶切開了副熱帶氣團和極地氣團。

▬ 西風帶是和緩蛇行的

西風帶並非總是吹在同一個緯度上，而會隨著季節在不同緯度間移動，改變形狀。這俗稱「西風帶蛇行」。

已知北半球西風帶的蛇行比南半球明顯。其中的原因，很大一部分在於北半球的山脈比南半球更多，還有北半球中緯度的大陸面積比南半球更大有關。詳細的成因請參考更專門的刊物。

即使是在同一個季節內，西風帶的形狀也是一直在緩慢地變化（圖2）。在中緯度繞行的過程中，有時會分為兩條，有時會大幅急轉，有時會大幅增強。

更有意思的是，西風帶有些時候，會以5000～1萬km，足以橫越太平洋的規模，大幅朝極地的方向蛇行（新聞關鍵字6，P.39）。

還有，有時西風帶的一部分還會從中緯度向赤道分流，形成低壓氣旋（逆時針旋轉）。這就叫「冷心低壓」。

這種蛇行的變化與很多不同因素有關，無法斷定「就是這個原因造成的！」。西風帶的形狀改變，是由熱帶積雨雲的活動和平流層的氣流等各種因素聚合導致的。

但總而言之，西風帶就像跳繩一樣，喜歡扭來扭去，展現自己的存在感。西風帶的蛇行會長時間停留在氣團的附近，改變移動性（溫帶）低氣壓的路徑。

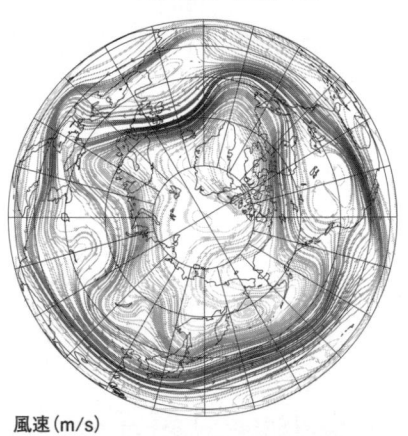
2015年12月1日

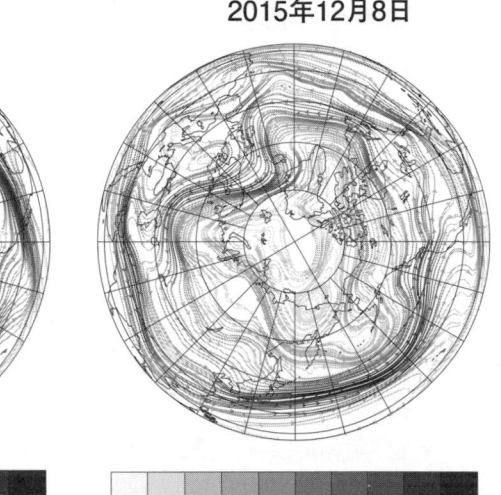
2015年12月8日

風速（m/s）

0 10 20 30 40 50 60 70 80

0 10 20 30 40 50 60 70 80

▶**圖2** 從北極點的正上方往下看時（球極平面投影）的西風帶樣貌。日本列島位於下半偏左的位置。圖中標示了約高度10km（250hPa）處時的風流和風速（陰影），西風就是在中緯度地帶的高速風域，以逆時針方向（自轉方向）吹拂。左圖是2015年12月1日的情況，右圖是左圖一週後的狀態。

分割氣團的西風帶

對流層的上層，可大略分為兩股氣團。一是在熱帶地區的溫暖副熱帶氣團，另一個是在極地上空的冰冷極地氣團。而西風帶則切開了這兩種氣團（圖1）。西風帶的蛇行，換個說法，也可以說是副熱帶氣團跟極地氣團的推擠。

譬如，西風帶在日本上空蛇行，受到極地氣團的影響時，寒流等來自極圈的冰冷空氣就會比較容易入侵。冬天氣象報導常常聽到的「冷空氣侵入日本上空……」這種狀況，指的就是這個狀態。相反地若受到副熱帶氣團的影響，來自熱帶的溫暖、潮濕的空氣就容易進入。

諸如上述，西風帶的蛇行跟寒流和熱浪等異常氣象有著密切的

關聯。

▬ 西風帶會產生溫帶低氣壓

西風帶會對同樣存在於中緯度地帶的溫帶低氣壓產生兩種作用。其一是「搬運」低氣壓。例如在春、秋、冬等季節，來到日本的低氣壓或高氣壓，會順著西風帶往東移動。因此，它們又被稱為移動性低氣壓或移動性高氣壓。同樣地，在秋天時，西風帶也會把向中緯度北上的颱風運往東邊。

然後另一個特徵，則是會「產生」像南岸低氣壓（新聞關鍵字8，P.43）這種溫帶低氣壓。根據在1940年代發現的大氣動力學理論，已知溫帶低氣壓的發展程度大致上跟西風的強度成正比。這個理論取名自它的兩位發現者的名字，俗稱「伊迪・查尼斜壓不穩定理論」。溫帶低氣壓的活動在西風特別強的日本～北美西岸（太平洋），還有北美東岸～歐洲（大西洋）特別活躍，就是因為這個緣故。

【參考文獻】高谷康太郎「偏西風の蛇行と異常気象」『異常気象と気候変動についてわかっていることいないこと』ベレ出版，2014年，P.65-108
　稲津將「温帯低気圧の研究」『天気と気象についてわかっていることいないこと』ベレ出版，2013年，P.17-56
　高藪出「温帯低気圧の力学」『気象研究ノート』第198號，2000年

1.3──北極的氣流會引發異常氣象？

　　北極長年被冰雪覆蓋，尤其在冬天，更有所謂的永夜，一整天都照不到陽光，是個被黑暗封閉的世界。而南極則有陸地（南極大陸），從有昭和基地等人類的定居點來看，北極可以說是人類所能到達的世界中旅行有難度的地區。

　　話雖如此，從日本到歐美的飛機航線會通過北極附近。也許還有人曾在冬天的航班上見過飛機窗外的極光呢。而跟極光不同，北極的大氣雖然無法用肉眼看見，卻會透過波動活動（氣壓值連續在低谷和高峰間起伏），影響全球各地的氣候，乃至宇宙入口的平流層（新聞關鍵字2，P.31）。大氣的波動就像搖擺不停的極光之簾，會朝東南西北上下各個地區傳播。

■ 將北極捲入的大氣波動

　　北極的周圍，被環繞北極一圈的西風，也就是「極地渦旋」（新聞關鍵字7，P.41）所包圍。極地渦旋具有把北極冰冷的空氣鎖在極圈內的作用。而極地渦漩本身，則會受到海洋和大陸的熱對比（溫差）、喜瑪拉雅和洛磯山脈等大規模山岳地形的影響，發生蛇行。當這種蛇行現象變大時，極地渦旋把冷空氣鎖在北極內的防護作用就會減弱，也就是冬天時，日本和歐美等中緯度地帶會有大寒流（新聞關鍵字5，P.37）侵襲的原因。

　　像極地渦旋這樣的噴射氣流，受到地球自轉的影響，當南為高氣壓，北方為低氣壓時，向東的流速會變強。而極地渦旋要發生蛇行，必須在向東的流速減弱，也就是北方的氣壓比平常更高的時候才會發生。一旦北極因為某種原因形成高氣壓，圍繞北極的極地渦旋就會大幅蛇行。

　　因為北極圈整體的氣壓變化，導致極地渦旋蛇行幅度增強或減弱的現象，就叫做北極振盪（新聞關鍵字3，p.33）。北極振盪是一種跟冬天的大寒流，以及夏天的熱浪、冷夏有關的現象。尤其當北極振盪導致極地渦旋出現較大變化時，日本、北美、歐洲等地就很容易同時出現大量異常氣象。

　　極地渦旋的蛇行和北極振盪等大氣變化，也就是氣候的「波動」，往往受到地球大氣的混沌性支配，所以很難預測。這部分在第5章還會詳述，如同每天的天氣預報，最多只能預測到未來一兩週，氣旋的蛇行和振盪強度，也同樣沒辦法準確預測。

　　然而，只要找出會影響極地渦旋和北極振盪的外部成因，且該因素具有比大氣的渾沌性更長的變化週期的話，還是有一定程度上預測氣旋蛇行或振盪變強變弱的可能性。

■ 利用冰雪的變化進行長期預報

　　一如本節開頭提到的，北極是被冰雪覆蓋的世界。尤其是北極海的一部分，即使在夏季也被海冰（新聞關鍵字4，P.35）覆蓋，是全年結冰的區域；但海冰的面積仍會受到海流和氣流，當然還有全球暖化的影響，每年發生變化。另一方面，環北極海的陸地，也就是歐亞大陸和北美大陸，除了夏天以外也都是白雪皚皚。

　　在海洋或大氣溫度較低時，海冰和積雪的面積都會擴大，另一方面，由於白色的冰面和雪原會反射陽光，所以冰雪本身也會讓周邊的溫度變冷，具有回饋效果（冰反照率回饋，新聞關鍵字17，P.86）。

　　海冰面積和積雪面積，會隨夏季到冬季水溫和氣溫下降而擴大，這個變化的時間跨度，比最多只能提前觀測1～2週的大氣變化更長。換言之，從夏天的海冰面積和秋天的積雪面積大小，會一定程度維持到冬天。這就叫「（氣候的）記憶效應」。

日本有一派學者，正提倡利用這種氣候的記憶效應來預測冬天的天氣。冬天的極地渦旋蛇行，是由於溫暖海面和寒冷大陸的熱對比而產生的。當某些原因導致夏天的海冰面積縮小，秋天的積雪面積變大時，這個狀態就會留存到冬季。這使得溫暖的海水變得更暖，寒冷的大陸變得更冷，使極地渦旋的蛇行比往年更強。結果，原本被鎖在北極的寒冷空氣便朝西伯利亞南下，使包含日本在內的東亞寒流頻仍。此理論解釋的一系列現象，也與北極海的海冰伴隨全球暖化減少，以及近年雖然是暖冬，卻仍頻繁傳出寒災的報告相符。

▬ 不可無視的平流層角色

　　極地渦旋的蛇行，是因噴射氣流的高氣壓性旋轉（在北半球是順時針）和低氣壓性旋轉（在北半球是逆時針）交互出現而形成的，所以可以理解為一種波動現象。冬天的極地渦旋，是在北大西洋到歐洲這段呈高氣壓性旋轉「峰」，在西伯利亞到遠東這段則呈低氣壓性旋轉「谷」的巨大波形構造。這種尺度的大氣波，因為是行星規模的波動，所以我們稱之為「行星波（羅斯貝波）」。

　　大氣中的波，就跟光波和音波一樣，會攜帶並傳遞能量。行星波的能量，主要是向東方和上方傳播。在對流層上方的平流層（新聞關鍵字2，P.31），空氣十分稀薄，換言之密度很低，所以當攜帶的能量相同時，波在平流層的振幅會比較大。而圍繞北極的極地渦旋，範圍廣達平流層。所以從對流層傳上來的波的能量，會讓平流層的極地渦旋大幅蛇行。這個巨大的蛇行，會使極地渦旋外側的暖空氣流入，讓北極上空的平流層在短短數天內氣溫增加數十°C。這就叫「平流層急劇增溫現象」。

　　北極的平流層變暖後，波的能量就無法再繼續進入。結果，在平流層出現的極地渦旋蛇行，便會用一個月左右的時間掉頭緩緩朝

下方移動。從平流層降下的蛇行，不只會影響西伯利亞，還會使北美和歐洲的極地渦旋的蛇行增強，導致北極的冷空氣同時在世界各地洩漏。換言之，平流層的活動會導致北極振盪的發生。藉由這種發源於對流層，然後經過平流層產生的一系列現象，便可提前預測1～2個月後的寒流頻率。

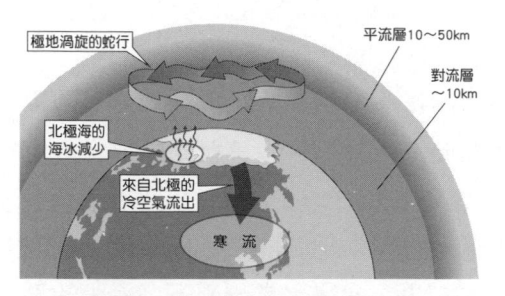

▶圖　北極的氣流變化與日本的寒流。地表（海面）到平流層的各種大氣流動都會造成影響。根據US CLIVAR（https://usclivar.org/research-highlights/loss-arctic-sea-ice-impacts-cold-extreme-events）繪製。

1.4——熱帶的氣流會引發異常氣象？

▬ 來自太平洋的影響

　　我們在每天的天氣預報上看到的高氣壓和低氣壓等大氣的流動，只要某個地方有了變動，就會像蹺蹺板一樣連帶影響到其他地區。而這種相隔遙遠的不同地區的氣候同時變化的現象，就叫做「遙相關」（Teleconnection，新聞關鍵字10，P.47）。

　　在距離日本十分遙遠的東太平洋，自南美洲的西海岸到夏威夷的南方海域這片廣闊的範圍，有時海水會發生長達數月的異常高溫或低溫。這就是「聖嬰現象」（新聞關鍵字9，P.45）。聖嬰現象發生時，熱帶的大氣流動會大幅振盪，自熱帶地區向北或向南流動的氣流也會大幅改變（筆保，2014）。結果，使得平常幾乎不會降雨的地區下大雨等，在世界各地引起異常氣象。特別是北美、南美、大洋洲、亞洲的國家受到的影響最深，在日本也會出現異常氣象。

　　發生在太平洋這種大洋的東側或西側，如蹺蹺板般一邊的水溫或氣壓上升，另一邊的就反之下降的現象，在印度洋和大西洋也有紀錄。尤其是印度洋的大氣或海洋振盪，不僅會對非洲、南亞、東亞、大洋洲的氣候造成劇烈改變，同時也是日本異常氣象的起因之一。不過，就對全世界異常氣象的影響程度來看，太平洋的振盪現象是最強烈的。

▬ 扮演關鍵角色的小笠原高壓

　　因為熱帶的影響，當日本的夏天出現異常氣象時，關鍵往往跟小笠原諸島上空的高氣壓（小笠原高壓）的強度有關。位於海拔10km高空的小笠原高壓，會大幅改變在上方吹拂的西風帶（1.2節，P.18）的強度和位置，影響日本的氣候。

　　在6月到7月之間，若小笠原高壓增強，梅雨鋒面就會被往北推

擠，使梅雨變少。在小笠原高壓比往年更強的年分，梅雨期通常較短，使日本全國晴空萬里，容易發生熱浪。所以小笠原高壓也可說是日本猛暑的象徵。

那麼，小笠原高壓的強度，又是由什麼因素決定的呢？其實，已知這與半年前的冬天發生的聖嬰現象有關。

■ 印度洋的「充電」效果

若該年冬季的聖嬰現象發達，半年後的夏天，日本的梅雨鋒面就會變強，降下大雨，有時更會帶來嚴重災害。冬天強盛的聖嬰現象，勢力雖然會在春夏兩季逐漸減弱，但由於冬季的大氣流動已發生巨大改變，所以遙遠另一端的印度洋海水也受到深刻影響。

譬如，印度洋的上空平時存在很多雲層，而大氣的流動改變後，雲變得不容易形成，使得放晴的天數增加，連帶導致海水溫度上升。由於跟空氣相比，水更容易大量儲存熱量，所以在緩慢累積

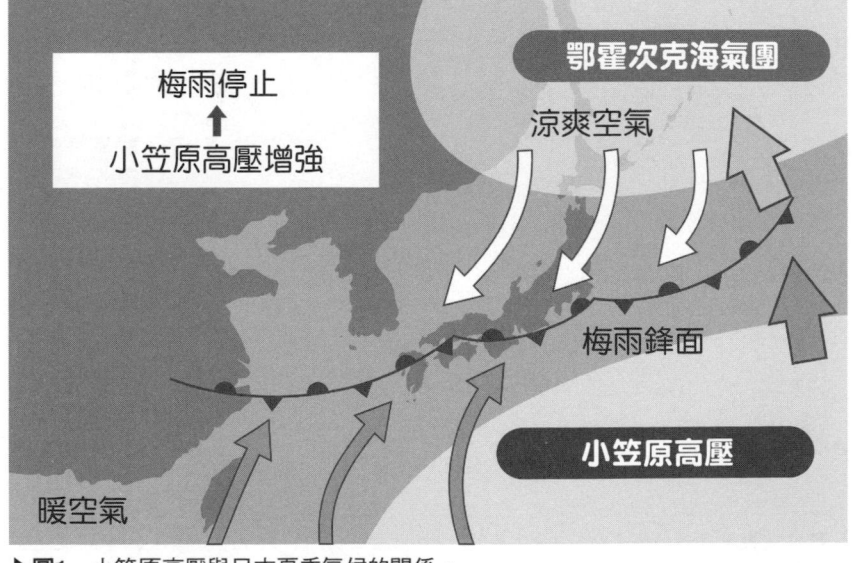

▶圖1　小笠原高壓與日本夏季氣候的關係。

的熱量影響下，印度洋春夏兩季的水溫都會上升。然後，受到溫暖的印度洋海水影響，東南亞到大洋洲的大氣流動也發生變化，使得小笠原高壓難以增強。結果，就使得日本上空的梅雨鋒面變得比往年更強。

在這個過程中，印度洋就像一個巨大的充電器，所以這個現象又被稱為「充電振盪現象」。

空氣升溫快，降溫也快，就算一時吸收了熱量改變溫度，也會很快就回到原本的狀態。然而，熱帶的海水跟大氣的流動，就像兩個彼此咬合的巨大齒輪，會互相牽動，留下長遠的影響，改變半年後的日本氣候。

日本氣象廳公開的未來數月的天氣預報「季節預報」（第5章），就是根據上述氣候這種緩慢變動的性質而發布的。居然能預測半年後的天氣，真的很有意思呢。

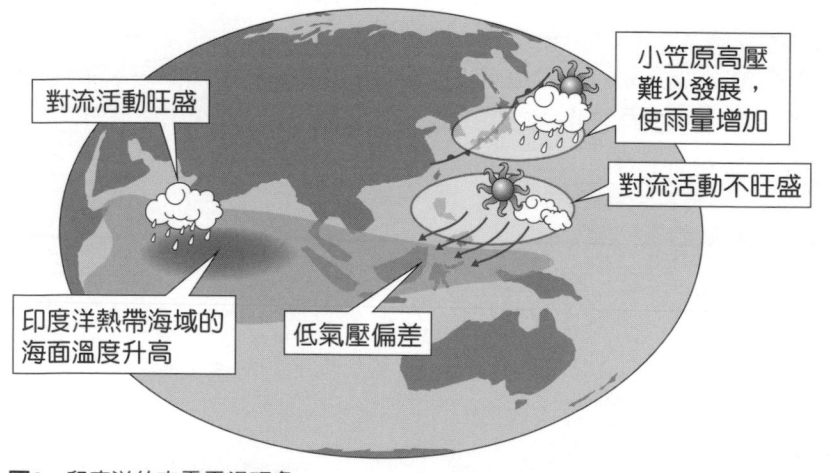

▶圖2　印度洋的充電震盪現象。

【參考文獻】筆保弘德（編）『異常気象と気候変動についてわかっていることいないこと』ベレ出版，2014年，P.24

熱帶、中緯度、極地

　　在第1章，我們介紹了熱帶、極地的大氣流動跟異常氣象的關係。可是話說回來，為什麼要把大氣分為熱帶、中緯度、和極地呢？

　　這是因為大氣現象在熱帶、中緯度、極地都各不相同，且會影響該緯度帶的天氣和氣候。同時，熱帶或極地的大氣循環（流動），也會影響遙遠的日本所在的中緯度地帶（1.3節、1.4節）。

　　不同緯度帶的大氣現象各異的原因有二。第一，是因為地球自轉產生的「科氏力」在不同緯度是不一樣的。所謂的科氏力，乃是地球自轉對大氣和海流作用的力（6.1節，P.214）。科氏力可表示為 $2\Omega \sin\phi$（Ω 是自轉的角速度常數，ϕ 是緯度）。換言之，科氏力愈靠近熱帶就愈接近0，緯度愈高就愈強。也就是說，科氏力在熱帶不會作用（無），在中緯度和極地會作用（有）。

　　隨著科氏力的有無，熱帶、中緯度、以及極地的綜觀尺度（水平方向大小1000~10000km）的大氣現象性質會有極大差異。譬如，中緯度和極地有時會合稱為「溫帶」（extratropics，也就是熱帶tropiscs以外的地方）。因為溫帶低氣壓會出現在中緯度和極地，所以才有此稱呼。相反地，也有如「平流層準雙年振盪」（新聞關鍵字2，P.31）這種只存在於熱帶的大氣現象。

　　第二個原因，則是因太陽照射量的差異而產生的大氣南北方向的大循環──大氣環流的影響。大氣環流可粗分為在熱帶和中緯度之間產生的哈德里環流，以及在極地和中緯度之間產生的極地環流。哈德里環流是熱帶的積雲活動產生的上升氣流，通過對流層上層向中緯度移動的循環；而極地環流則是極地的冷空氣，從對流層

的中、下層自極地朝中緯度移動的循環。這兩種環流，就是在熱帶和極地的大氣現象，之所以能影響中緯度天氣和氣候的原因。

　　此外，近年還發現在對流層上層發生的中緯度西風帶蛇行，會跟熱帶和極地的環流相互影響（交互作用），使西風的流向發生改變。譬如極地渦旋（新聞關鍵字7，P.41）就是中緯度和極地的交互作用產生的現象。

　　大氣環流的研究有著古老的歷史，但人類仍未完全揭開其神秘的面紗，直到今天仍是氣象學的首要課題。這是因為，大氣環流不只是對流層，而是在包括平流層和海洋在內的巨大系統中發生的各種現象，在不同時空間尺度下的交互作用所構成的。新聞關鍵字2「平流層」、新聞關鍵字5「寒流」（P.37）、新聞關鍵字9「聖嬰現象」（P.45）也有介紹本研究的部分內容。

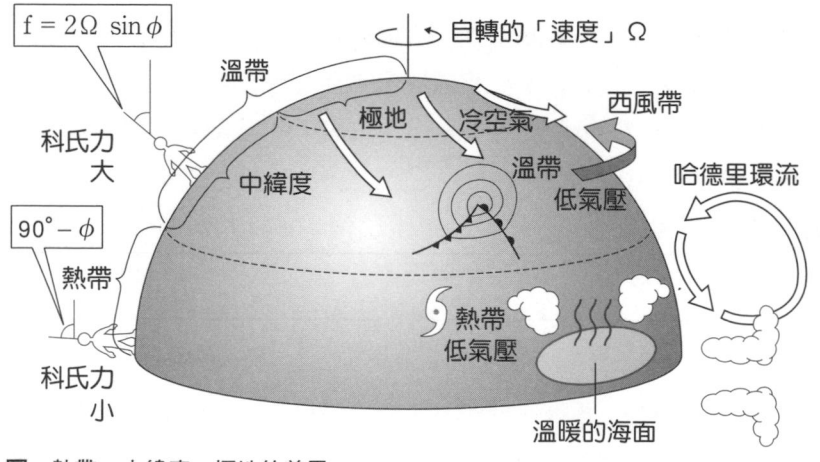

▶圖　熱帶、中緯度、極地的差異。

【參考文獻】岩崎俊樹「温位面での質量重み付き帯状平均（MIM）の世界〔波動平均流相互作用から見た大気大循環〕」『天気』2009年，P.103-121

新聞關鍵字 2
平流層

　　我們所生活的地表到上空10km的大氣叫做對流層，而更上方10～50km範圍的大氣層，則是「平流層」。有些讀者對平流層這個詞可能比較陌生，但我們平常坐飛機的飛行高度大概就在海拔10km左右，也就是在平流層的底端。只要回想一下搭飛機時窗外看到的平流層的天空，或許就會意外地感到親近不少。

　　平流層中有臭氧層，因為可以吸收來自太陽的有害紫外線，減少地表的紫外線照射量而廣為人知（關口，2001）。由於臭氧層吸收紫外線時會發生光化學反應，釋放熱能，所以平流層愈往上層，溫度就愈高。因此，平流層不容易發生對流混合（大氣因熱對流而混合的現象），一如其名，是大氣狀態十分穩定的氣層（對流層則相反，愈往高處溫度愈低，極容易發生對流混合，屬於不穩定的氣層）。

　　但相對地，平流層中也會發生不同於對流層的強烈現象。譬如，在冬天的北極，下層平流層有時會達到負50℃的低溫，但有時溫度又會在短短數天內一下子上升幾十℃，甚至變成正值。這個現象與對流層的阻塞高氣壓（新聞關鍵字6，P.39）和北極振盪（新聞關鍵字3）等現象有著密切關係，更是冬天在日本和北美寒流帶來寒流的主要原因，受到氣象學家注目。

　　還有，在熱帶的平流層，也會（以自然現象來說十分驚人）有規律地大約每隔1年就出現東風和西風輪替的「平流層準雙年振盪」現象。已知當這種振盪發生，熱帶的平流層吹東風時，在遙遠的北極就很容易發生前面提到的突然升溫現象，可以說平流層也扮演著連結熱帶和北極氣候的角色。

　　平流層的空氣很稀薄，氣溫也很低，並非普通生物能夠生存的

環境。然而，根據，根據基於生物圈界面（地球的生物活動最大到大氣的哪一層）這個比較新穎的概念所做的捕捉實驗，在平流層中似乎也存在少許的微生物。一般認為它們可能是從對流層順著大氣的流動到達平流層的。

　　另外關於人為活動的部分也有個有趣的紀錄。目前不使用引擎，僅靠空氣動力滑行的滑翔機的飛行高度世界紀錄為22km。由於平流層（幾乎）沒有雲的存在，所以無法靠雲的形狀來觀測大氣的流動，但透過生物和人類的活動紀錄，我們得知了平流層原來是個充滿劇烈變化的世界。

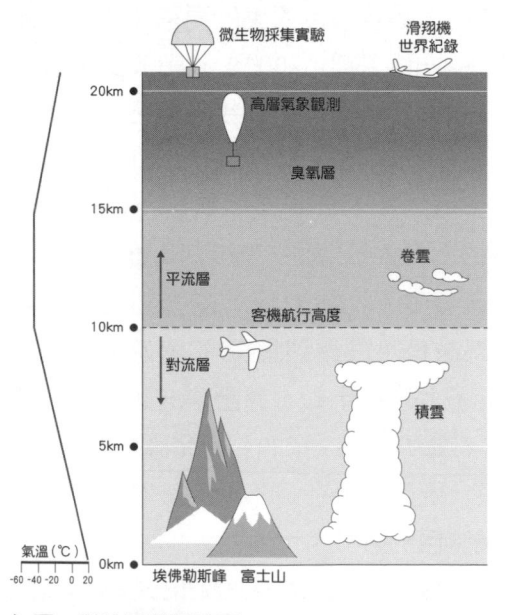

▶圖　對流層與平流層。

【參考文獻】関口理郎『成層圏オゾンが生物を守る』成山堂書店，2001年

新聞關鍵字 3
北極振盪

因為網際網路的發達，最近人們除了國內新聞外，接觸到國際新聞的機會也大幅增加。異常氣象的新聞也是如此。其中，像是在日本冬天的大雪剛上新聞的那段時間，又或是大約1、2週前，電視上也常常報導北美和歐洲的大寒流，不知大家有沒有印象。這種多個地點同時發生異常氣象的現象，就是「北極振盪」。

所謂的北極振盪，簡單來說，就是北極及其周邊的中緯度地帶的氣壓差、溫差像翹翹板一樣上下振盪的遙相關型態（新聞關鍵字10，P.47）。其中當北極的氣壓和溫度比往年更低，中緯度的氣壓和溫度比往年更高時，稱為正北極振盪；相反地北極呈現高壓高溫，中緯度呈低壓低溫的話，則是負北極振盪。

在2000年以後，冬天的北極就有負振盪的傾向，包含日本在內的東亞、歐洲、北美，發生大寒流的次數也有所增加。尤其近幾年，就連更南方的中東和義大利拿波里等相對溫暖的地區，也觀測到數十年一見的積雪。目前仍不清楚近年冬天的北極振盪趨向負振盪的原因，但有學者認為這可能是北極海的海冰（新聞關鍵字4）急速減少，導致北極氣候改變的結果。

北極振盪與夏天發生的異常氣象也有極大的關係，且表現方式與冬天稍有不同。譬如，若夏季時北極出現正振盪，歐洲就會發生高溫、高壓，常常觀測到熱浪；而在東亞一帶，由於鄂霍次克海上的高氣壓因為北極振盪而變強，反而使日本地區因山背風（來自日本東北方太平洋的濕冷東風）旺盛而出現冷夏的情形。

順帶一提，南極也有相同的蹺蹺板現象，俗稱「南極振盪」。南極振盪與南極大陸上空平流層的臭氧層破洞大小有關。

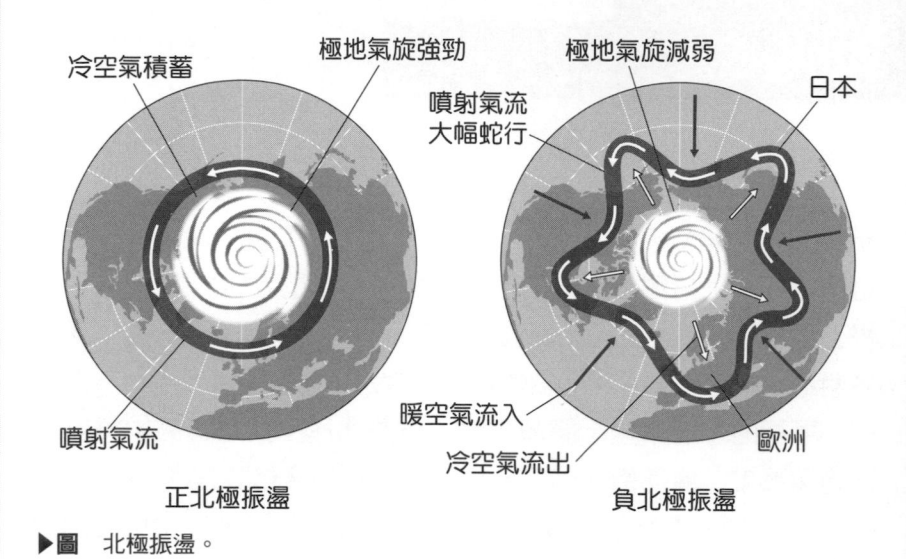

冷空氣積蓄　極地氣旋強勁　極地氣旋減弱　日本

噴射氣流
大幅蛇行

噴射氣流

暖空氣流入

冷空氣流出

歐洲

正北極振盪　　　　負北極振盪

▶圖　北極振盪。

新聞關鍵字 4

海冰

　　鄂霍次克海的流冰觀光行程，通常把冬天浮在海面的冰塊稱為流冰，但在氣象學領域，則把這種海水凝結成的冰塊稱為「海冰」。

　　在鄂霍次克海和南極海，從冬季到春季的這段時間，隨著海水凍結，海冰的覆蓋面積會擴大，然後到夏季又融解消失。這種海冰會隨著季節出現或消失區域稱之為季節性冰帶，而季節性冰帶內形成的海冰又叫做一年冰。

　　另一方面，北極海的海冰即使在夏季也不會完全融解，大半的區域不論什麼季節都被厚厚的冰層覆蓋。這種區域被稱為永久冰帶（permanent ice zone），而在永久冰帶形成的海冰則叫多年冰。

　　北極圈被認為是全球暖化影響最顯著的地區，其中一個原因就是北極海的海冰正急速減少。北極海的海冰面積在1980年代，平均約有720萬平方km（全年最小面積的平均值），但2012年9月已創下最小紀錄的320萬平方km。這30年間減少的面積多達400萬平方km，相當於10個（！）日本的面積。

　　北極海的海冰面積減少，也會使得北極熊和海豹的棲息地減少，對生態系有著十分嚴重的影響。不僅如此，也可能會影響地球的氣候。冬天北極海被海冰覆蓋的區域，冰層會發揮隔熱的效果，隔絕來自海洋的熱，使氣溫維持在－10～－30℃。

　　另一方面，在沒有海冰的區域，海水的溫度不會下降至結冰溫度的－1.8℃之下。換言之，海冰的有無將產生十幾℃的溫差。跟30年前相比，這些變暖的地區增加了日本面積好幾倍之多（冬天海冰面積減少與夏季相比較小，約在100～200萬平方km左右）。

如此思考，北極海及其周邊的氣候，與30年前相比，或許已經有了非常大的變化。而科學界也指出，諸如此類的北極圈的氣候變化，很可能會改變北極上空的大氣流動，繼而影響日本冬天的異常氣象。

　　已有報告警告，根據模擬預測，如果全球暖化的速度維持不變，到了2050年，夏天的北極海海冰將會完全消失，對生態系和人類社會產生深遠的影響。另一方面，為了應對諸如此類的環境變化，各國也已經開始計畫利用北極海的航道（穿越北極海連接大西洋和太平洋的航路）。北極海及該區域的海冰變化，除了氣候之外，在政治經濟的領域也成為關注的重點。

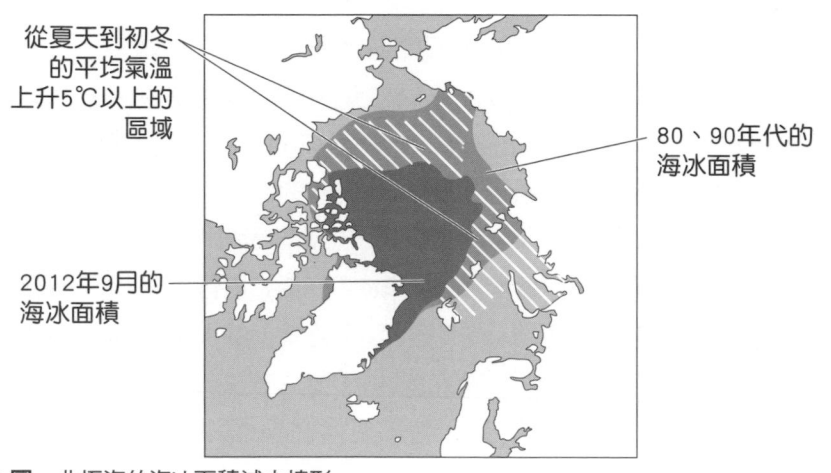

從夏天到初冬
的平均氣溫
上升5℃以上的
區域

80、90年代的
海冰面積

2012年9月的
海冰面積

▶圖　北極海的海冰面積減少情形。

新聞關鍵字 5

寒流

　　寒流這個詞，根據日本氣象廳的定義，是指「主要發生在冬季，因為冷空氣進入，大範圍內連續2～3天，或是更長期的氣溫顯著降低的現象」。因為就像大海嘯一樣不間斷的冷天，所以叫做寒流。

　　入侵日本的寒流，主要是起源於北極和西伯利亞，伴隨西伯利亞高壓（又或是西高東低的冬季型氣壓分布）的強弱而進入。冬季在日本海上空看到的卷雲，通常是來自大陸的冷空氣，與海上的濕暖空氣交會而產生的；而在強烈寒流到來的時候，這種卷雲甚至會到達沖繩或台灣。

　　西伯利亞高壓變強的原因有很多，但最常見的一種是因高空流動的噴射氣流蛇行而造成。冬天的歐亞大陸上空的噴射氣流，有時會大幅蛇行來到西伯利亞上空。當這種蛇行的時間和距離都很長時，就叫做阻塞高氣壓（新聞關鍵字6）；在阻塞高氣壓的下游區域的遠東，來自北極的冷空氣會擴張到中緯度。而因上空的噴射氣流的蛇行而產生地表氣流，具有把北極的冷空氣運至西伯利亞，並一路擠壓到南方的效果，將冷空氣吹到日本附近。

　　隨著全球暖化的進行，長期來看，暖冬的發生年分正逐漸增加。但另一方面，儘管近年暖冬頻仍，新聞上卻經常看到寒流造成的局部性大雪釀成雪災。像是2018年2月在福井縣等北陸各縣降下創紀錄大雪的2018年雪災，相信讀者們都還記憶猶新。還有2016年1月，因為超強寒流的侵襲，沖繩本島也在觀測史上第一次留下降雪的紀錄（實際上應該叫霰，但分類上仍是雪）。

　　近年每當超強寒流來到時，各家媒體都會用「最強寒流」、

「超猛寒流」、「最強等級的寒流」等詞彙。儘管科學家們並不喜歡使用最強和超猛等形容詞，但這些用語具有警醒世人、加強印象（至少筆者這麼以為）的效果，其實也沒有什麼不好。

　　而日本氣象廳也根據過去紀錄和積雪預報，發布了「大雪特別警報」。實際上日本以前從來沒有發布過大雪特別警報，但官方表示「特別警報」的意思就是「要民眾立即採取行動保護自己的生命安全」（新聞關鍵字38，P.208）。儘管筆者希望需要發布特別警報的事態永遠不要發生，但氣象本來就不時會因自然環境的變動（混沌）發生巨大變化，且會造成災害的異常氣象也天天在地球上發生（1.1節）。不只限於大雪或寒流，我們平常就應該隨時做好防災準備，並在緊急情況發生時迅速採取行動保護自己的生命財產安全。

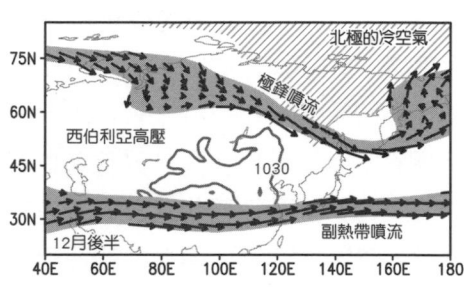

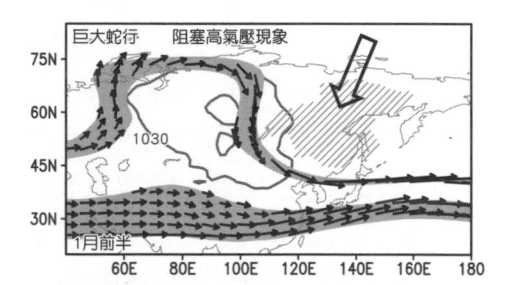

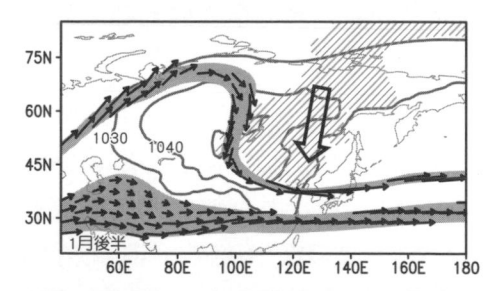

▶圖　與2016年帶來豪雪的寒流密切相關的高空大氣流動。根據日本氣象廳55年長期再分析資料（https://jra.kishou.go.jp/JRA-55/index_ja.html）繪製。

新 聞 關 鍵 字 6

阻塞高氣壓

　　阻塞高氣壓是發生在對流層上層（高度約5～10km）的現象，極少出現在平常肉眼可見的地表附近的天氣圖上。然而，它卻是熱浪、寒流、乾旱、豪雪等各種異常氣象的主要成因。因此，阻塞高氣壓或許可說是一種「隱形的暴風雨」。

　　阻塞高氣壓在對流層上層的天氣圖（高空天氣圖）上，可以看成一個巨大的高氣壓（圖）。在對流層上層，有中緯度的西風帶，以及夾著西風帶的副熱帶氣團和寒帶氣團（1.2節）。靠近赤道的副熱帶氣團氣壓相對較高，而靠近極點的寒帶氣團氣壓較低。而當副熱帶氣團的規模巨大到穿入（貫入）極圈附近時，就叫做阻塞高氣壓，又簡稱阻塞高壓。這種副熱帶氣團的貫入，會使在氣團間流動的西風帶大幅變形，所以會導致西風帶的大幅蛇行。

　　那麼為何阻塞高氣壓會跟異常氣象有關呢？這跟它的持續性有關。普通的移動性高低氣壓移動速度很快，大約數天就會移動到不同的位置。然而，阻塞高氣壓一旦發生，就會在原地停留1週～1個月之久。因此，西風帶的蛇行現象會比平常持續更久。氣團在異於往常的位置停滯，或順著西風帶移動的移動性（溫帶）低氣壓移動到跟平常不同的地點，而且這種狀態還維持數週之久，這時就會發生異於往常（＝異常）的氣象狀態。

　　阻塞高氣壓的發現可追溯至20世紀前半。一般認為阻塞高氣壓是種知名度較低的現象，但觀察高空天氣圖，阻塞高氣壓的變化非常戲劇性（誇張），在對流層上層在某種意義上其實是很「紅」的現象。如果數天份的高空天氣圖蒐集起來，做成翻頁動畫的話，就能清楚看見阻塞高氣壓的發生和發展過程。那強而有力的變化非

常美麗，推薦關注自然現象的讀者一定要親眼看一次。而且，或許是因為它實在太宏偉、優美（？），對於阻塞高氣壓的機制和原理，大自然仍有很多秘密沒有告訴我們。不僅如此，阻塞高氣壓的發生也會大幅影響天氣預報和氣候預測的精度，在提高預報精度的觀點上也受到氣象學家關注。現在（包含筆者在內），有許多研究者都在嘗試解開其中的機制。

2014年2月8日（有阻塞高氣壓）　2015年2月8日（無阻塞高氣壓）

▶圖　阻塞高氣壓發生時（左圖）跟阻塞高氣壓未發生時（右圖）的對流層上層（250hPa，高度約10km）天氣圖（高空天氣圖）比較。兩者都是該年2月8日的天氣圖。亮色部分是副熱帶氣團（高壓），暗色部分是極地氣團（低壓）。阻塞高氣壓的發生（左），可以從副熱帶氣團的大幅突出看出。同時，為了對比正常的對流層上層狀態，右邊列出了1年後的天氣圖。從兩圖可看出阻塞高氣壓的有無，結果完全不同。另外，高空天氣圖跟平時常見的地面天氣圖有著很大的差異。對此時的地面天氣圖究竟是什麼狀態有興趣的讀者，可以去找日本氣象學會的官方雜誌「天氣」，上面有附錄日本周邊的過去地面天氣圖，也可以在網路上閱覽，直接點選雜誌內的「每日天氣圖」就能看到。

【參考文獻】木本昌秀「気象とソリトン・モドン‐気象現象中の孤立波（下）第3部第1章ブロッキング現象」『気象研究ノート』第179號，1993年，P.319-367
　　山崎哲「渦と渦の相互作用によるブロッキング持続メカニズム」『天氣』第62號，2015年，P.491-509

新聞關鍵字 7

極地渦旋

　　北極（或南極）的冬天，是陽光完全無法到達，黑暗封閉的世界。這個「封閉」雖然是種比喻的形容方式，但另一方面也是事實。因為沒有日照，所以冬天的北極會形成非常強烈的冷空氣。這股冷空氣被圍繞北極的強烈噴射氣流封鎖在極圈內，處於封閉的狀態。而這個圍繞北極的噴射氣流，就是「極地渦旋」。

　　極地渦旋的成因，跟地球的大氣性質有關；當南方溫暖而北方寒冷時，就會形成向東吹拂的強烈噴射氣流（跟熱力風有關）。因為這種性質，當北極在冬天形成強烈的冷空氣，北極周圍的大氣就會繞著北極旋轉。被極地渦旋鎖住的冷空氣因而不容易跟南方的溫暖氣團混合，使得北極的空氣變得更加寒冷。

　　圍繞北極的極地渦旋，並非總是以漂亮的圓形軌跡流動，而是呈現橢圓形的歪斜構造。由於北半球的地表海陸交雜，所以南北的溫差分布會有地域性的差異。同時，喜瑪拉雅和洛磯山脈這種大型山岳造成的氣壓分布差異也有影響。

　　極地渦旋的歪斜狀態時小時大。當歪斜程度變大時，被關在北極的冷空氣便會流到外側。日本冬天發生寒流的主要原因之一，就是極地渦旋的歪斜導致北極的冷空氣外洩。這種冷空氣外洩的現象有時會同時在北半球各地發生，這就屬於北極振盪（新聞關鍵字3，P.33）的負振盪。

　　平流層（新聞關鍵字2，P.31）也存在極地渦旋。冬天的平流層的噴射氣流非常強烈，而且平流層不易直接受到海陸的溫差和地形的影響，所以更容易產生極地渦旋。平流層的極地渦旋跟對流層的極地渦旋有著密切關係。前面提到的極地渦旋的歪斜，會在大氣中

以波的形式一路傳到平流層，使平流層的極地渦旋也大幅歪斜。當歪斜的幅度很大時，就會引起平流層急劇增溫現象。

同時，若平流層的極地渦旋歪斜變大，有時會跟對流層的極地渦旋歪斜發生共振。此時歪斜的程度會變得更大，北極流出的冷空氣也會跟著變強。這種共振被稱為平流層對流層結合，有學者認為伴隨2000年以來的北極暖化，這種交換現象正在逐漸增強。

南極也存在極地渦旋，尤其南極平流層的極地渦旋，與臭氧層破洞的產生、消失有著深切關係。此處不詳加解釋箇中機制，但原則上被封鎖在強力極地渦旋內的冷空氣，會使得帶有破壞臭氧層化學性質的雲（極地平流層雲）變得旺盛，使臭氧層破洞。一般認為北極不存在臭氧層破洞，但2011年3月時，北極的平流層形成了非常強烈穩定的極地渦旋，使得北極也觀測到了臭氧層破洞。

平流層的極地渦旋

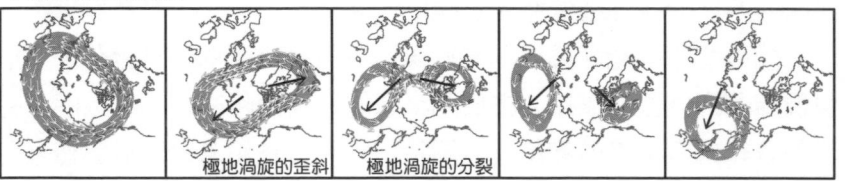

極地渦旋的歪斜　　　極地渦旋的分裂

對流層的冷空氣

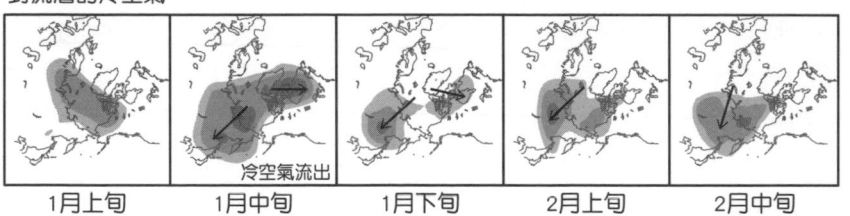

冷空氣流出

1月上旬　　　1月中旬　　　1月下旬　　　2月上旬　　　2月中旬

▶圖　2009年發生的極地渦旋分裂，以及隨之發生的北極冷空氣流出現象（平流層對流層結合）。本圖根據日本氣象廳55年長期再分析資料（https://jra.kishou.go.jp/JRA-55/index_ja.html）繪製。

新聞關鍵字 8
南岸低氣壓

　　南岸低氣壓，乃是溫帶低氣壓（1.2節，P.18）的一種。特指在北半球的冬季於台灣東方生成，通過日本列島南側（南岸）的溫帶低氣壓。南岸低氣壓最大的特徵，就是經常在關東等地降下大雪（6.4節，P.227）。最記憶猶新的就是2014年2月初，在關東發生的2次大雪。

　　南岸低氣壓的特徵，就是幾乎每年都在同一時期發生，且移動路徑皆十分相似。這跟西風的位置和季節的變化有關（一般而言冬天時西風會向赤道方向移動），由於西風在冬天時正好位於日本南部的上空，所以特別容易在這個時期發生（1.2節）。此外，來自南方的溫暖黑潮洋流，以及東亞季風從西伯利亞帶來的冷空氣，也會影響南岸低氣壓的產生位置和固定路徑（譬如Nakamura *et al.* 2012，Iwasaki *et al.* 2014）。

　　強烈低氣壓反覆通過的地點，會受到很大的損害。因此，氣象學使用了「暴風路徑」（圖a）這個概念來表示低氣壓的強度和通過頻率（＝活躍性）。暴風路徑愈「強」（活躍），就代表愈容易受到低氣壓的侵害。而南岸低氣壓，就是橫越太平洋的暴風路徑區域的構成者之一（圖b）。

　　已知2014年2月，以沖繩東側一帶為起點，北日本的太平洋側近海乃是暴風路徑的集中地。換言之，該年頻繁出現沿著關東南岸，朝北海道東側移動的南岸低氣壓。而往年的南岸低氣壓的暴風路徑則偏向更東邊，與圖b的北太平洋的暴風路徑相連（Kuwano-Yoshida，2014）。2014年2月，由於西風在日本東側以比往年更大的幅度蛇行，導致南岸低氣壓的暴風路徑大幅北偏（1.2節，新聞關

鍵字6，P.39）。

南岸低氣壓的暴風路徑，強度在全球稱得上數一數二（Kuwano-Yoshida，2014）。而日本列島，就位在這個世界屈指可數的低氣壓活躍區域內。

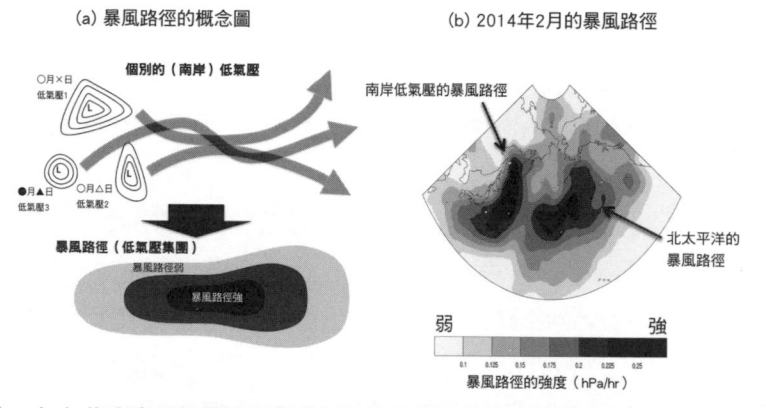

(a) 暴風路徑的概念圖　　　　　　　(b) 2014年2月的暴風路徑

▶圖　（a）像南岸低氣壓這種許多低氣壓反覆沿著相似路徑通過的情況，就會形成暴風路徑。暴風路徑在有活躍低氣壓反覆通過的地點會變強。（b）日本因為有發源自沖繩東方的南岸低氣壓，反覆順著關東南岸和北日本的太平洋近海通過，所以暴風路徑的強度（Kuwano-Yoshida，2014）很高。

【參考文獻】　Kuwano-Yoshida, A., Using the local deepening rate to indicate extratropical cyclone activity, SOLA, vol. 10, 2014, pp. 199 203.
　Nakamura, H., A. Nishina, and S. Minobe, Response of storm tracks to bimodal Kuroshio path states south of Japan, Journal of Climate, vol. 25, 2012, pp. 7772–7779.
　Iwasaki, T., T. Shoji, Y. Kanno, M. Sawada, M. Ujiie, and K. Takaya, Isentropic analysis of polar cold airmass streams in the Northern Hemispheric winter, Journal of the Atmospheric Sciences, vol. 71, 2014, pp. 2230–2243.
　稲津將「温帯低気圧の研究」『天気と気象についてわかっていることいないこと』ベレ出版，2013年，P.17-56

新聞關鍵字 9

聖嬰現象

　　引起異常氣象的氣候變動現象中，最有名的就是「聖嬰現象」了吧。南美洲西側的祕魯海域，每到12月（聖誕節前後）時水溫就會上升。原本隨著季節推進，水溫不久又會回到原本的狀態；但每隔數年，這種海水變暖的情況就會連續數個月，對漁業造成極大的影響。這個現象自古以來便為人所知。

　　後來，科學家發現這個現象不只限於祕魯附近的海域，就連遙遠夏威夷南方的海水也會跟著變暖，導致廣大範圍內的異常氣象；因為這個現象通常發生在聖誕節前後，便將之命名為「聖嬰（El Niño）」。

　　聖嬰現象通常在夏秋兩季開始發展，在冬天達到最強，然後到春天減弱。此時水溫會比往年高上2～4℃；而升溫的海水，會產生能帶來大量降雨的積雨雲，或大幅改變海洋的風向。這時，由於海上的風向改變，使得位於深海的冰冷海水不易湧上表面，讓表層的海水溫度變得愈來愈暖。

　　就像這樣，大氣與海水的流動會互相影響，發生變化。而與此相反地，冰冷海水向周圍擴張的現象則稱為「反聖嬰（La Niña）」。

　　每當日本發生暖冬或冷夏時，電視新聞和報紙常常會解釋這跟聖嬰或反聖嬰現象有關。已知這些發生在距離日本遙遠大海另一端的現象，會改變地球大範圍的海水溫度，或是改變大氣的流動，繼而影響日本的氣候。這些都是典型的遙相關（新聞關鍵字10）的案例。

　　若冬天發生反聖嬰，那麼來自西伯利亞的強烈冷空氣就容易流

入日本，增加日本海一側的降雪量。相反地，聖嬰年的時候，冬季型的氣壓分布減弱，因為通過日本南岸的南岸低氣壓（新聞關鍵字8），使得關東地區變得容易降雪（Ueda *et al.* 2017）。而夏季若發生反聖嬰，日本附近就會被高氣壓籠罩，增加酷暑的機率。

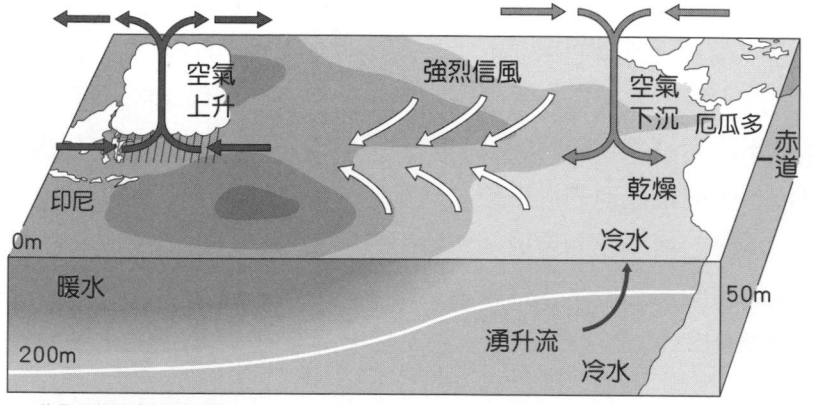

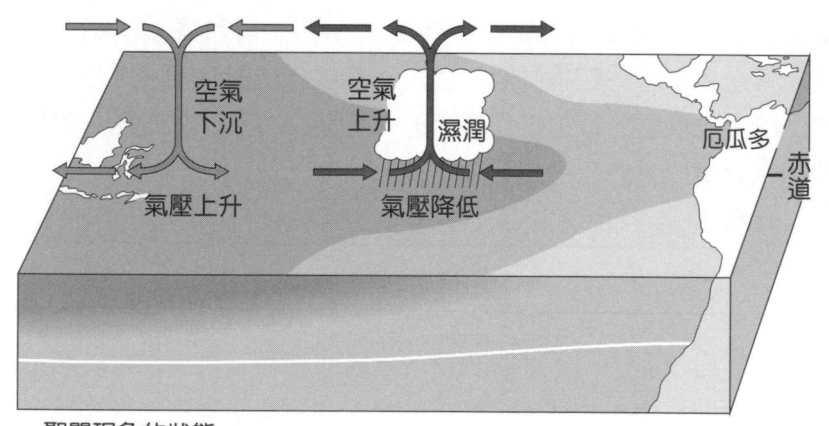

▶圖　正常年的狀態（上）與聖嬰現象時（下）的狀態。

【參考文獻】　Ueda, H., Y. Amagai, and M. Hayasaki, South-coast cyclone in Japan during El Niño-caused warm winters, Asia-Pacific Journal of Atmospheric Sciences, vol. 53, 2017, pp. 287–293.

新聞關鍵字 10
遙相關

　　遙相關（Teleconnection）指的是相隔數千～數萬km的兩地，氣壓、氣溫、或降雨量偏差等數值像蹺蹺板一樣變化的現象。

　　譬如，如附圖，在橫濱夏季的地表氣壓比往年更高的年分，台灣的恆春地表氣壓就會比較低；換言之兩者呈現相反變化（負相關）的現象。

　　這種蹺蹺板現象被稱為遙相關型態，是由大氣的振盪所引起的。圖中的例子，則是跟俗稱「Pacific-Japan（PJ）型態」的遙相關型態有關。

　　遙相關型態有許多種類。目前的研究已發現許多不同的蹺蹺板現象，譬如北極振盪（新聞關鍵字3，P.33）、北大西洋振盪、絲路型態（Silk Road pattern）等，在地球各個角落，於特定季節顯化的型態。

　　遙相關型態雖然屬於大氣的振盪，但就如同南方振盪（Southern Oscillation，在南太平洋東部和印尼附近發現的氣壓變動），也跟海洋循環的變動和結合（共振）有關。南方振盪通常跟海洋現象的聖嬰現象（El Niño）和反聖嬰現象（新聞關鍵字9）同時發生，所以兩者又合稱ENSO（聖嬰-南方振盪，為南方振盪和聖嬰現象的首字母縮寫）。

　　遙相關的重要性，在於它通常為期1個月以上。由於大氣的混沌性（新聞關鍵字33，P.193），要完全預測數個月後的大氣（氣象）狀態是不可能的任務，但預測遙相關型態的發生，卻有助於預測平均氣溫等氣候狀態。

　　至於為什麼相隔那麼遠的兩地，氣壓會像蹺蹺板一樣連動呢？

其中一個原因跟「波可以透過大氣傳遞（＝大氣是流體）」有關。舉例而言，當大氣因為溫暖的海水而升溫時，此區域的大氣變動（訊號），就會以波的形式在流體中傳遞，傳到很遠的地方。波，是由諸如氣壓值的峰和谷這種正負的訊號構成（具有相位），可以藉由反轉訊號的正負（風向或氣壓等）傳到很遠的地方。而這個正負符號組合恰恰相反，或者完全一致的遙遠兩地，就會出現蹺蹺板的現象。

　　另外，也有像ENSO這種（跟大氣同樣是流體）在海洋中傳遞的波，在遙遠的另一處造成海水溫度的蹺蹺板現象，連帶影響大氣，然後產生遙相關形態的例子。

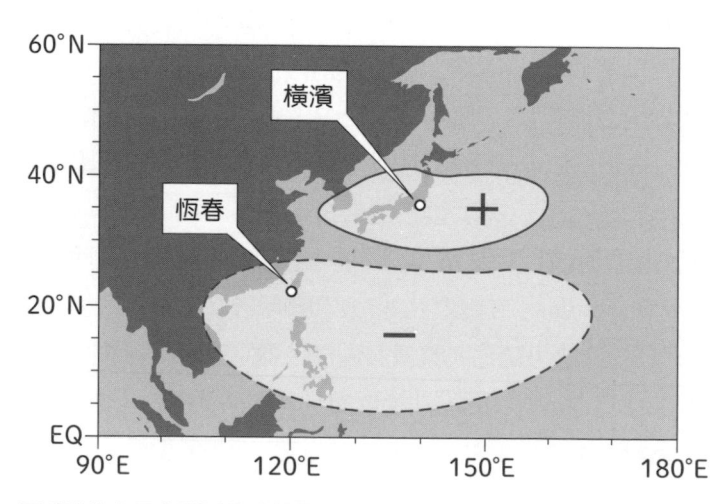

▶圖　夏季發生在日本附近的遙相關型態。PJ（Pacific-Japan）形態所引起，橫濱和恆春的夏天地面氣壓的蹺蹺板現象（負相關）。例如當PJ型態的虛線區塊的夏季氣壓比往年更低（負的氣壓偏差）時，實線區域的氣壓就會升高，發生恆春出現負氣壓偏差，橫濱出現正氣壓偏差的狀態。因為是蹺蹺板，所以反過來當實線區域為負氣壓偏差時，虛線區域就會出現正氣壓偏差。本圖根據海洋研究開發機構（JAMSTEC）和東京大學2015年7月30日公布的新聞稿（http://www.jamstec.go.jp/j/about/press_release/20150730/）繪製。

　　然而，究竟為什麼只有某些特定的地點會發生蹺蹺板現象？訊號又是經由何種路徑傳遞的？訊號的正負又為什麼會反轉？其實很多遙相關型態都還有未知之處。解開遙相關型態的機制並正確地預測它們，仍是氣象學界最重要的課題之一。

【參考文獻】　Kubota, H., Y. Kosaka, and S.-P. Xie, A 117-year long index of the Pacific-Japan pattern with application to interdecadal variability, International Journal of Climatology, vol. 36, 2016, pp. 1575–1589.
　Wallace, J.M. and D.S. Gutzler, Teleconnections in the geopotential height field during the Northern Hemisphere winter, Monthly Weather Review, vol. 109, 1981, pp. 784–812.
　高谷康太郎「偏西風の蛇行と異常気象」『異常気象と気候変動についてわかっていることいないこと』ベレ出版，2014年，P.65-108

天氣與氣候

　　天氣（weather）跟氣候（climate），兩者都是指大氣的狀態，但在時間規模上有所差別。天氣指的是數小時到1週的大氣快照（snapshot）狀態；而氣候指的是1個月到數十年規模的大氣平均狀態。天氣與氣候之間很難找出一個嚴格的時間尺度分界，但大約以10天～1個月左右為分水嶺。

　　大氣現象，如下圖所示，可依時間規模來分類。而每個大氣現象的空間規模也跟時間規模大致呈正比。換言之，一個大氣現象的時間規模愈長，其空間規模也愈大。

　　這在氣象學中是非常重要的概念。譬如，在中緯度和極圈，科氏力（新聞關鍵字1，P.29）的影響力對時空間規模在1000km範圍、

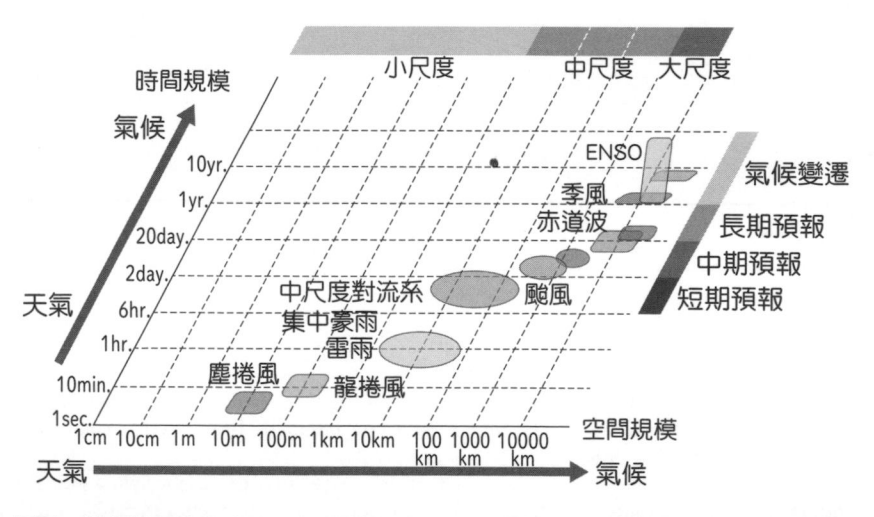

▶圖　將大氣現象依時間、空間規模分類。時空間規模小的屬於天氣，大的屬於氣候。

為期數天（宏觀規模）以上的大氣現象十分重要，所以對時空間規模的掌握，對於理解大氣現象是不可或缺的。

天氣和氣候的區別，對天氣預報等活動特別重要。在現代的氣象學中，通常是用電腦的數值模擬（第4章、第5章）來預測未來的大氣狀態，也就是天氣預報。實際上，預報未來數小時到數週的天氣，跟預測未來數月到數十年的氣候（季節預測），做的事情都是一樣的（即電腦模擬）。然而，前者跟後者在模擬時的著重點有所不同。

粗略來說，天氣的預測是一種「初值問題」，而氣候的預測則是一種「邊值問題」。天氣預報的步驟，是（1）正確地還原大氣的初始狀態（數據同化），然後（2）使用包含與大氣鄰接的海洋等地球系統的邊界條件（相互作用）的大氣模型，用數值預測未來的狀態。

想要提升天氣和氣候的預測精準度，就必須改良（1）跟（2）；但對預測天氣而言是（1）的精度比較重要，而預測氣候時則是（2）的精度更重要。

然而，對於大氣這種流體現象，不可避免地會存在混沌性（新聞關鍵字33，P.193）。想要100%精準地預測具有混沌性的大氣，對人類來說恐怕是永遠不可能實現的夢想。

因此，氣象專家會根據自己想預測的是天氣現象還是氣候現象，決定要側重（1）還是（2），進行天氣預報。決定要把施力點放在（1）還是（2）上，並認識天氣和氣候的差異是很重要的。

現在，我們天氣、氣候學家，都正傾注全力在（1）和（2）上。透過這些研究獲得的知識系統，不只是對氣象學，相信也能對流體力學和各種預測科學有重要的貢獻。

【參考文獻】　三好建正「天気予報の研究」『天気と気象についてわかっていることいないこと』ベレ出版，2013年，P.243-277

2014年2月的關東甲信大雪

山崎 哲

　　本書在南岸低氣壓（新聞關鍵字8，P.43）一節也稍微介紹過了，2014年2月初和中旬時，日本關東曾降下大雪。當時才剛搬到關東不久的我，因為這件事而大受衝擊（一方面也是因為從小在不太會下雪的地方長大）。甲信地方頻傳雪崩和交通受阻的消息，關東的交通網絡也大亂，並出現停電。這起事例，讓世人們認識到在全球暖化進行中的現在，即使是不太會下雪的地區（寡雪地域）也可能面臨大雪災的威脅，引起了氣象學會、雪冰學會的關注。

　　搬到關東後我才知道，在橫濱等南關東地區，每年通常只會下一次雪，而這場雪一般是由南岸低氣壓造成的。在2014年的大雪過後，我開始好奇為什麼這年南岸低氣壓會連續2次來襲，造成這麼大的雪災。

　　於是我看了2014年2月初、中旬對流層上層的天氣圖，發現在太平洋上出現了阻塞高氣壓，然後我開始懷疑今年連續2次的南岸低氣壓來襲，會不會跟這個阻塞高氣壓有關。

　　剛好就在同一時間，由新瀉大學災害・復興科學研究所的和泉薰老師（當時）和河島克久老師領導的突發災害特別研究促進團隊「2014年2月14-16日以關東甲信地方為中心之廣範圍雪冰災害調查研究計畫」在3月時成立，我便在新瀉大學的本田明治老師的邀請下，加入了這個研究團隊。我在這個團隊中，與雪冰學者和氣象學者協力，從雪崩地的實地調查，到分析引發降雪的大氣循環狀況，從多個視角研究了這起事件，用了將近一年的時間才完成了調查。

　　因為這是第一次有機會參與這樣的研究，所以一開始心中充滿了不安；但多虧了研究團隊的充分支援，我才得以與本田老師協力將成果發表為學術論文。儘管一方面也是因為此類突發性災害研究，有盡快將研究結果報告出來的緊迫性，但我相信此次研究得到

的豐碩成果，將可為未來的氣象、雪冰研究方針帶來影響。同時，也是我研究生涯的重要里程碑。

　　在這次研究後，認識到半即時地監測對流層上層狀態之重要性的我，協助開發了可直接在新潟大學和JAMSTEC應用實驗室的網站上觀看，半即時地看到大氣‧海洋狀態的系統（參照下列的網址）。下次當身邊發生了引起你注意的大氣‧海洋現象時，各位讀者不妨也利用下面的網站，看看現在大氣循環是什麼樣的狀態吧？

參考網站：
新潟大學「顯著大氣現象追蹤監視系統PV地圖」
http://env.sc.niigata-u.ac.jp/~naos/index.html
JAMSTEC應用實驗室「APL-virtualearth」
http://www.jamstec.go.jp/virtualearth/general/jp/index.html

▶圖1　2014年2月8日和14日的橫濱市內（JAMSTEC橫濱
研究所）的情況。

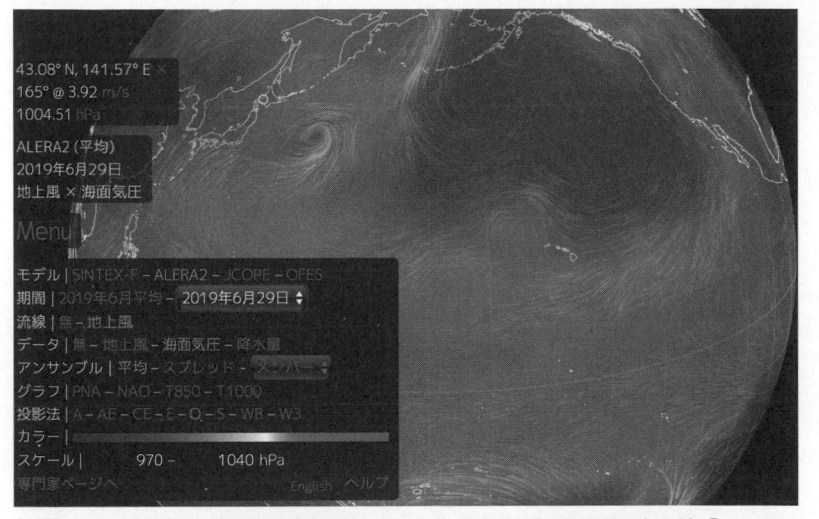

▶圖2　JAMSTEC應用實驗室的大氣・海洋狀況半即時監測系統「virtual-
earth」。可顯示大氣、海洋的概況，以及未來數月的季節預測結果。有如
一個「虛擬地球」（＝virtual earth）。

第 **2** 章

全球暖化的
真相！

2.1——地球真的在變暖嗎？

■ 暖化的鐵證

科學家們究竟是怎麼確定地球真的在變熱呢？世界各地第一次開始嚴格地用溫度計測量氣溫，是在19世紀中葉到20世紀初，也就是遠在我們出生之前的時候。東京的氣溫，目前是在皇居外苑的北之丸公園量測的，而加上更早之前在大手町觀測到的數據，東京自1875年開始，就已開始用溫度計紀錄的氣溫。而統整全球所有類似的氣溫紀錄，科學家們發現，地球的平均氣溫在近100年內上升了0.7℃。

一如古時候有溫暖的繩文時代，也有猛瑪象仍在大地行走的寒冷冰河期，地球的氣候會不斷在冷熱之間交互循環。然而，跟自然的氣候循環相比，近年地球的氣溫正以明顯的速度急速加溫。

觀察日本的氣溫，在像東京這樣的都會區，因為還有隨都市化產生的熱島效應（新聞關鍵字21，P.114）影響，所以氣溫的上升幅度比郊區更大。而在遠離大都市，幾乎沒有都市化影響的地區，近100年的平均氣溫也上升1.2℃（日本氣象學會，2014），正以比全球平均更快的速度上升。相較之下，日本都會區的氣溫則平均上升了2.7℃（氣象廳，2018），可見都市化

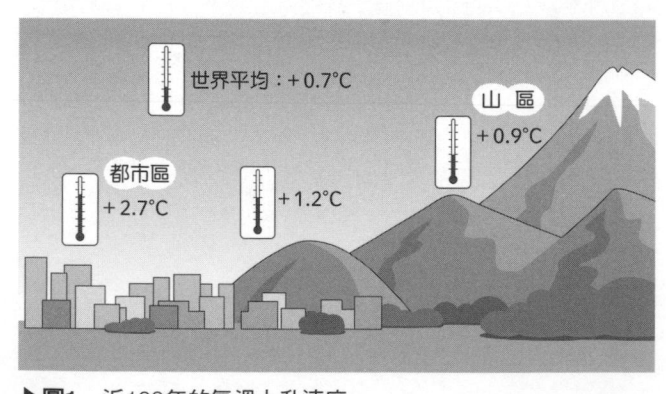

世界平均：+ 0.7℃

山 區
+ 0.9℃

都市區
+ 2.7℃

+ 1.2℃

▶圖1　近100年的氣溫上升速度。

的影響之大。另外，在海拔較高的山岳地帶的氣象觀測點，近100年的均溫上升了0.9℃左右。

━ 積蓄在海洋的熱量

在氣溫觀測資料已相當充分的1980年代，科學家便已非常清楚地確認了全球暖化的存在。而過了超過30年後，最近科學家們才終於發現了一件事。那就是累積在海洋的熱量，正在穩定地增加。

跟船隻航行時順便在海洋表面採取海水這種相對簡單的測量法不同，要測量深部的海水溫度，需要準備比較複雜的測量儀器。自1970年代開始，科學家們便募集商船無償載運測量儀器，在主要的航道上測量深海的水溫。2000年以後，科學家們將可在海中漂流、上升沉降，測量水溫分布的「Argo浮標」釋放到全球各地，終於取得了大海詳細的水溫資料。

根據這個「Argo計畫」取得的深海水溫資料，科學家們發現，自1970年代以來，累積在地球大氣和深海的熱量，有93%都儲存在海洋內。

若全球暖化持續下去，不只北極和南極的海冰、冰床將會融化（2.5節），若海洋繼續累積熱量升溫，還將使得海水體積受熱膨脹。近年海平面的上升，除了冰床融化外，熱膨脹也扮演了重要的角色，可預見未來海平面將繼續上升。

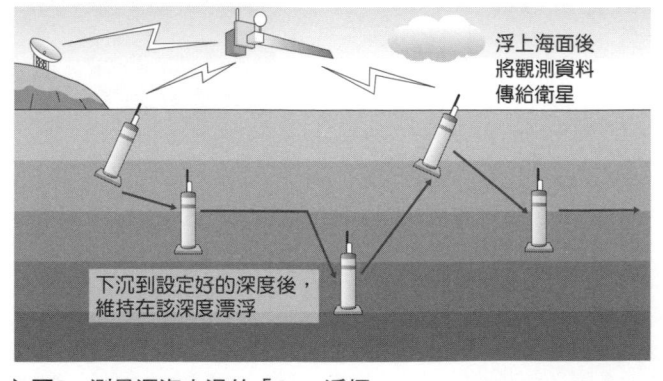

浮上海面後
將觀測資料
傳給衛星

下沉到設定好的深度後，
維持在該深度漂浮

▶圖2　測量深海水溫的「Argo浮標」。

▬ 高空反將變冷

在比埃弗勒斯山山頂更高的高空，海拔10km～50km處的大氣層，被稱為「平流層」（新聞關鍵字2，P.31）；那裡跟地表附近相反，氣溫反而在下降（新聞關鍵字19，P.90）。

波長比我們肉眼可見的光線更長，常被用在遙控器和電暖爐上的「紅外線」，具有把被太陽光加熱的地球冷卻下來的效果。而二氧化碳具有改變地球射向宇宙的紅外線路徑的性質，也就是所謂的「溫室效應」。在工業革命後，人類的活動導致大氣中的二氧化碳濃度持續上升，使溫室效應變強，極大地影響了全球暖化的速度。溫室效應一方面會讓地面和受地面影響的地表空氣不斷變暖，另一方面卻又讓空氣本身釋放紅外線而冷卻的「輻射冷卻」變強。由於平流層幾乎不會受到因溫室效應而升溫的地表影響，只會受到空氣輻射冷卻變強的影響，導致氣溫跟地表相反變得更低。

根據近幾十年科學家能夠精準測量全球高空氣溫後所得到的資料，平流層的溫度確實在不斷降低。這顯示了大氣中二氧化碳濃度的上升，確實改變了地球的能量流動。儘管這現象乍看好像跟全球暖化相反，但這其實正是全球暖化確實存在的鐵證。

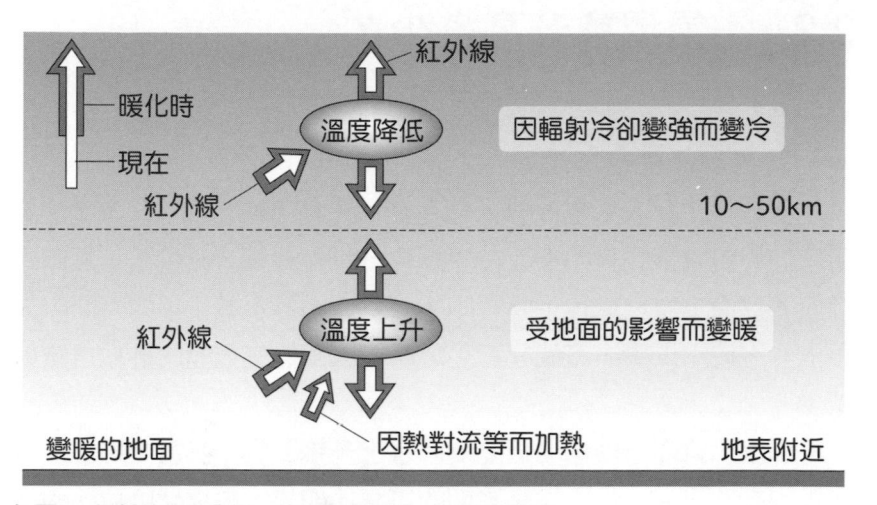

▶**圖3** 輻射的平衡改變，使得地表變暖，平流層變冷。

【**參考文獻**】　日本気象学会（編）『地球温暖化 そのメカニズムと不確実性』朝倉書店，
2014年，P.10
　気象庁『気候変動監視レポート2017』気象庁，2018年，P.34

2.2——氣溫會升高多少？

▬ 其實科學家也不清楚

　　全球暖化具有大幅改變人類生活和生態系的影響力（2.4節），所以世界各國都如火如荼地在呼籲政府研擬對策，減少溫室氣體的排放。然而，自全球暖化問題開始廣為人知過了幾十年的時間，人類依然在使用煤炭、石油等石化燃料，因此溫室氣體的排放也難見減少。

　　那麼，實際上地球的氣溫到底會上升幾℃呢？其實，即使是現在最尖端的研究，也還沒有確切的答案。如果人類繼續照目前的速度排放溫室氣體，到了21世紀末，預估氣溫將會上升2.6～4.8℃左右（若抗暖化對策有落實的話，則會上升0.2℃～1.8℃）（日本氣象學會，2014），有很大的誤差範圍。（2.3節）其原因在於，「究竟多少溫室氣體會使氣溫增加幾℃？」這個問題，是由非常多複雜要素綜合之後的結果。

　　一如2.1節的部分介紹的，地球的氣溫是跟宇宙交換熱量，也就是太陽光的吸收和紅外線的釋放決定的。當地球的氣溫因為某些因素上升時，如果這個因素連帶使得地球吸收了更多太陽光，或是使得紅外線的釋放減弱，就會讓氣溫上升得更快。那麼在全球暖化發生後，地球和宇宙的熱交換發生了哪些改變呢？

▬ 回饋作用

　　假設某A的考試成績不好，於是家長替A請了一個家教。而那名家教的能力很優秀，A的成績很快就有了進步。結果A考了好成績後被周圍的師長誇讚，決定更加用功念書，把家教教的東西全部吸收進去，最後成績大幅提升。

　　A的學習動力增強，與成績的提升，兩者是互相強化的關係。
這就叫做「正回饋」。而壞事愈變愈嚴重的負面循環，也是一種正
回饋。

　　相反地，如果明明認真念書了，成績卻沒有進步，使人反而失
去學習動力，成績就會變得更加難以提升。這種則稱之為「負回
饋」。

　　而全球暖化，因為同時存在好幾種像開車踩油門一樣，會讓暖
化愈來愈快的正回饋，以及具有剎車效果的負回饋，所以要預測車
子到底會跑多遠（氣溫上升幾℃）是一件非常困難的事。

▬ 水蒸氣、冰、雲

　　要預估氣溫會上升幾℃，水蒸氣、冰、雲之間的正回饋非常重
要。

　　水蒸氣跟二氧化碳、臭氧、甲烷等氣體一樣會產生溫室效應。
若大氣中的水蒸氣增加，從海洋、陸地逃逸到太空的紅外線，就會

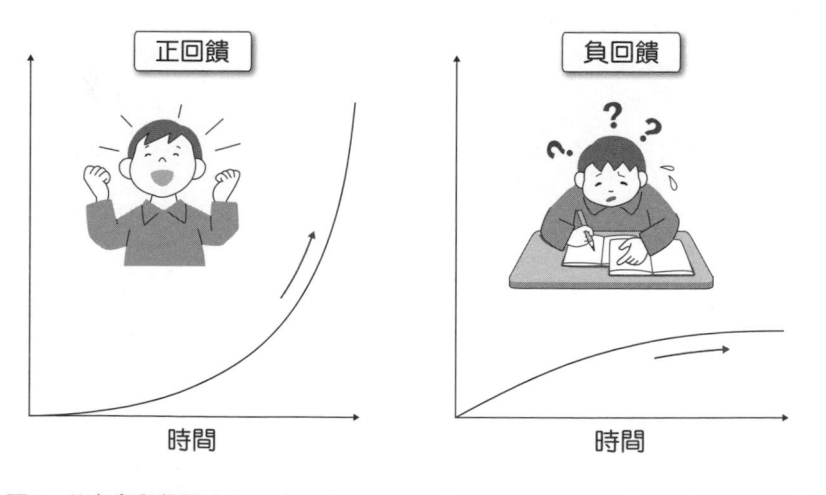

▶圖1　若念書與學習動力這兩件事互相影響，使成績加速進步，就是「正回饋」；
　若念書不能提升學習動力，就會變成阻礙成績進步的「負回饋」。

變得更容易被大氣吸收，導致地球氣溫上升。

　　空氣所能容納的最高水蒸氣量，稱為「飽和水蒸氣量」。而空氣具有溫度愈高，就能容納更多水蒸氣的性質。換言之，一旦氣溫上升，從海洋和潮濕陸地蒸發的水蒸氣就會更容易被空氣吸收。結果，水氣增加又讓溫室效應變得更強，形成正回饋。

　　提到雪和冰，大多數人聯想到的應該都是白白亮亮的形象吧。雪和冰具有可大量反射陽光等肉眼看得到的「可見光」的性質。所以當北極和南極的冰床與海冰因暖化融解後，海面、地面、草地、森林就會暴露在陽光下，吸收太陽光（新聞關鍵字17，P.86）。所以，雪冰的融解會令暖化加速，也是一種正回饋。

　　而雲也同樣扮演重要的角色。每天，我們抬頭眺望天空，都能看到各種各樣的雲朵。有烏黑沉重的烏雲、在薄薄一條一條飄高空的卷雲、濃厚蓬鬆的積雲等，不同種類的大小、顏色、明暗都不一樣。在冬天的太平洋區域，對比乾爽無雲的日子和多雲的日子，多雲日的凌晨氣溫比較不會劇烈下降，這是因為雲具有抑制輻射冷卻效果。

　　這各式各樣的雲，在全球暖化下究竟會有什麼改變；亦即對陽

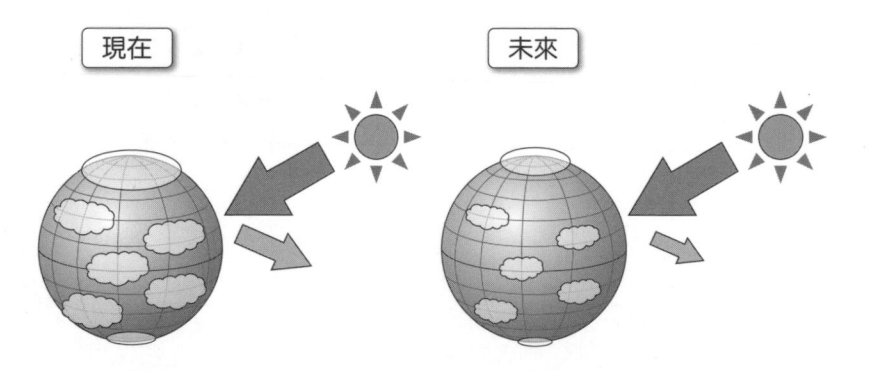

▶圖2　若地球氣溫上升，使冰層融解、雲層減少，將使地表的白色部分面積也會減少，讓地球更容易吸收陽光，令氣溫上升更快。

光的反射能力、對輻射冷卻的抑制效果究竟會如何變化，目前仍有很多未知之處。但根據最新的研究，若暖化加劇，地球雲層整體對陽光的反射能力似乎將有減弱的傾向，具有使暖化加速的「正回饋」效果。目前看來，似乎無法期待雲層能對地球氣候發揮負回饋的效果，讓人類可以什麼都不做就使暖化停止。

【**參考文獻**】　日本気象学会（編）『地球温暖化 そのメカニズムと不確実性』朝倉書店，2014年，P.51

2.3——未來的預測是多數決？

■ 哪種氣候模型最能信賴？

　　不知道各位讀者有沒有想過，自己每天看的天氣預報，究竟有多少準確度嗎？即便運用最尖端的科學，想要正確預測1週以上的天氣也非常困難。

　　包含日本的氣象廳在內，世界各國的氣象機構，為了多提高一點天氣預報的精準度，每天都在不斷改良天氣預報的模型（第5章）。而預測未來氣候用的「氣候模型」，原理也跟天氣預報的模型是一樣的（江守，2008）。在預報天氣時，氣象專家們會盡可能整合數小時前的全球低氣壓和高氣壓位置，以及風、氣溫、濕度的資料，然後根據這些數據來預測接下來的天氣變動；而氣候預測，則是預測溫室氣體和氣膠體等會改變氣候的外部條件變動時，氣候會發生何種變化。兩者的不同之處在此。

　　要想正確地計算地球上的大氣、水、水蒸氣的流動，就必須盡可能精準地模擬雲和渦這種複雜的現象。由於目前全球氣象學家所使用的各種氣候模型，對這種複雜現象的模擬方式都各不相同，所以對未來氣候的變化預測也有很大的歧異（2.2節）。

　　然而，我們要研擬抗暖化的對策，就必須知道接下來氣溫究竟會上升幾℃，以及氣候會有多大程度的改變。那麼，究竟該相信哪個模型才好呢？

■ 模型的信賴性比較

　　讓我們把氣候預測的準確度和精度，當成考試的分數來思考。

　　假設某小學的某個班級有20名學生，請問數年之後，你覺得哪個學生的國中數學成績會考得最好呢？對未來氣候的預測就跟這個

問題一樣，是要預測一個尚未發生的事件，所以猜起來非常困難。

不過，有時尚未發生的事件，可以從目前時間點已知的資訊來找出大的可能方向。譬如，根據對過去案例的調查，我們發現小學數學成績好的學生，有上國中後數學成績也不錯的傾向。所以，我們只要調查這20個學生近期的數學成績，就可以推測最近成績好的學生，數年後的國中數學成績或許也會不錯。

預測未來氣候的時候，則會比較實際觀測到的數據，來推定未來的預測精準度。譬如，隨著全球暖化加劇，在對陸地冰雪融化程度的預測比其他模型更高的模型中，由於陸地會吸收更多陽光而變暖，所以冰雪融化會使暖化加速，具有很強的「正回饋」效果（2.2節）。然而，溫度上升後冰雪會融解多少，不同模型的預測都不一樣。那麼究竟哪個模型預測的冰雪融解程度，也就是「正回饋的大小」才是最正確的呢？

這裡，我們不從對未來的預測，而用不同模型對陸地的雪從冬天到夏季的融解和積雪程度來試著比較看看。然後，再把各模型算出的結果，跟實際觀測到的冰雪面積變化「對答案」比較，算出各模型的成績。

這裡很重要的一點是，一個模型算出的季節導致的雪面積變化程度愈大，這個模型算出的暖化造成的雪面積變化程度也會愈

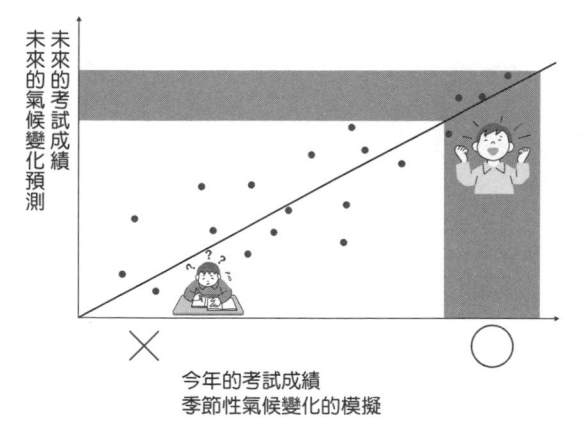

▶圖　從多種預測結果中，找出哪種預測更可靠。若預測跟已發生事件之間有對應關係，就能藉由觀察模型對已發生事件的模擬正確性，推測哪個模型的預測更加可靠。

大，具有這樣的關係（Hall and Qu，2006）。換言之，我們可以透過這個方式，間接比較出哪個模型對暖化時回饋作用大小的計算更加精準。

▄ 不是單純的「多數決」

　　一如在2.2節介紹過的，除了雪之外，其他還有很多增加全球暖化預測不確定性的回饋作用。因此，諸如全球雲層分布的變化情形等回饋因素，最近也陸續有使用觀測資料來檢測模型精準度的研究報告。而觀察這些研究的結果，幾乎每個結論都顯示，全球暖化正以比模型的簡單平均更快的速度在加速進行（Kamae *et al.*，2016）。

　　在這種嘗試比較各模型可信度的試驗方式被廣泛採用以前，科學界曾流行過假定所有模型的準確度一樣可靠，因此平均所有模型的預測結果後就最可靠結論的風潮。就像讓每個模型各投一票，用多數決來預測天氣的變化。由於各模型之間的優缺點會互相抵銷，所以可以得出一定程度準確的預測，因此這個方法的確有其道理。但是現在，實際深入觀察雪冰的融解程度、雲層的變化狀況等可觀測的現象，一邊對答案一邊提升模型的精準度，讓模型可以模擬出這些現象的物理過程，從結果來看，更能提高對未來預測的可靠性。

【**參考文獻**】　江守正多『地球温暖化の予測は「正しい」か？』化学同人，2007年，P.71

　Hall, A. and X. Qu, Using the current seasonal cycle to constrain snow albedo feedback in future climate change, Geophysical Research Letters, vol. 33, 2006.

　Kamae, Y., T. Ogura, H. Shiogama, and M. Watanabe, Recent progress toward reducing the uncertainty in tropical low cloud feedback and climate sensitivity: a review, Geoscience Letters, vol. 3, 2016.

2.4——暖化的好處與壞處？

■ 全球暖化的壞處

　　支撐著全球人類生活和產業的水資源，會因為暖化而大幅改變（國立環境研究所，2014）。就像洗好的衣服在炎熱的夏日比寒冷的冬日更容易乾，暖空氣會使陸地的水蒸發得更快。而暖化使蒸發作用變強的話，除了降雨量因而大幅增加的某些地區外，所有地方的河川流量都將下降。尤其是地中海沿岸和西歐、北美西南部、非洲南部等地區，一旦河川流量減少，可預見將面臨嚴重的缺水問題。而在暖化導致下雪量減少的區域，也可能因為融雪減少，陷入水源不足的困境。

　　而對農業的影響更不止於此。像是稻米在結穗後若遇到高溫，米粒就會變得白濁，影響品質。且若氣溫上升，可利用融雪水的季節改變，就會連帶影響到可種植的品種，以及插秧、收割的時期，必須把整個灌溉設施都重新建構一次。

　　還有以颱風為首，那些威脅著亞洲人生活的氣象災害，也可能因為全球暖化加劇，開始頻繁出現在以往極少發生的地區（新聞關鍵字14，P.80、15，P.82），可預見將對沒有相關災害應對經驗的地區造成極大災損。

　　而海平面上升，則會威脅住在臨海地區的人們和生態系。科學家預估21世紀海平面將上升26～82cm。這不只是因為北極海的海冰融解，還有陸地的冰河、冰床融化，以及海水本身的升溫膨脹。

　　另外，也有研究指出暖化可能會對人類有各種健康層面的影響。若暖化加劇，熱傷害的人數將因夏天的酷暑而增加（新聞關鍵字22，P.117）。熱帶疾病之一的登革熱，是一種由都市常見的蚊蟲傳播的疾病。而以喜歡自然環境的蚊子為媒介的瘧疾原蟲，一般認

為就算全球暖化，應該也不太會在日本擴散。但另一方面，靠都市蚊類傳播的登革熱，一旦蚊子的棲息範圍隨全球暖化而擴張，就有在日本大流行的危險（國立環境研究所，2010）。

　　日本是個有冬天有雪、春天有櫻花和新綠、秋有紅葉，一年四季的景色變化十分鮮明的國家；而環顧世界，就算處於相同緯度帶，每個地方的氣候也都各不相同（譬如南加州的乾燥氣候）。但隨著暖化加劇，這種鮮明的四季變化或許將會發生改變（新聞關鍵字16，P.84）。日本觀光資源之一的滑雪場和雪祭，如果沒有雪的話就完全辦不起來。根植於日本不同地域的當地文化，皆與氣候有著密切關係。不知古代交織季語、創作出一首首俳句的詩人們感受過的「侘寂」，我們未來是否還有機會感受呢？

■ 暖化也有好處

　　從上面的例子，相信不少人會對全球暖化產生百害而無一利的印象。不過，由於全球暖化會以各種形式影響人們的生活，所以也

梅一輪
一輪ほどの　暖かさ
服部嵐雪

釋義：每開一朵梅花，便多一朵梅花的溫暖。比喻看到梅花花開，便切身感受到春天即將來臨。

▶圖1　服部嵐雪感嘆春天造訪的俳句。

有一些方便的層面。

　　譬如對於對住在西伯利亞這種寒冷地帶的人，氣候變得不再那麼嚴寒，因為酷寒而死亡的人可能會減少。同時北極的海冰減少，讓船隻能夠直接駛過北極海的話，則可降低亞洲到歐洲之間的物流成本（2.5節，新聞關鍵字18，P.88）。

　　而農業的部分，大氣中的二氧化碳上升，對植物來說就等於可用來行光合作用的二氧化碳增加，只要氣溫和水分沒有改變，就能長得更大，增加收成。這叫做「施肥效應」。而在過去因為氣溫較低而作物發育不佳的地區，也可能會因為暖化而讓作物的收穫量增加。

■ 經濟能力差的人們將承擔苦果？

　　因為要馬上阻止全球暖化是非常困難的事情，所以人們必須妥善做好應對全球暖化負面影響的準備。但問題在於，開發中國家對暖化負面影響的應對能力目前十分落後。

　　海平面上升將威脅各國位於海拔0公尺以下的主要都市圈，而在東京這種原本就為了防範高達數公尺的高潮而建有海岸堤防的地

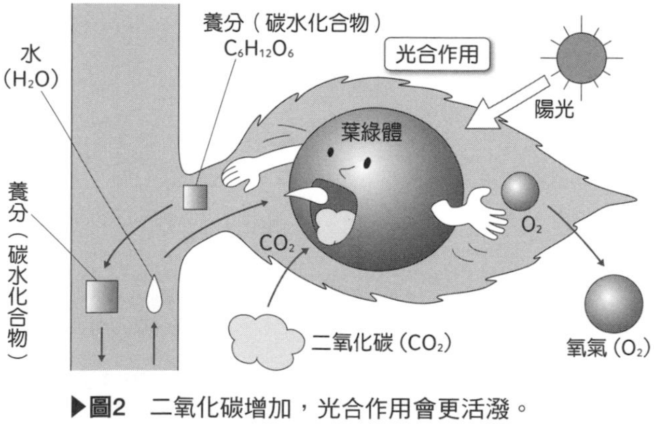

▶圖2　二氧化碳增加，光合作用會更活潑。

區，有充分的能力應對幾十公分程度的海平面上升。然而，在沒有能力建造足夠堤坊設備的地區，恐將出現極大的損害。

　　要應對氣候變遷對農業的影響，改變種植品種或調整設施雖然是有效的做法，但在技術和經濟能力都不夠的地區，依然將產生較大的損害。

　　全球暖化是超過國界的問題。當今，一部分的先進國家拚命鼓吹本國至上的政策，但這難道不是把問題和責任全都推給經濟能力不好的人們嗎？這個世界的未來到底要往哪裡去，全球正以聯合國為中心展開議論（新聞關鍵字12，P.76、13，P.78）。

【參考文獻】　国立環境研究所 地球環境研究センター（編）『地球温暖化の事典』丸善出版，2014年，P.271
　国立環境研究所 地球環境研究センター『ココが知りたい地球温暖化2』成山堂書店，2010年，P.79

2.5——北極正在加速暖化？

■ 北極的暖化速度是其他地方的2倍

　　各位聽了或許會感到意外，其實北極是全世界暖化最嚴重的地區。根據觀測資料的準確度大幅改善的這40年來的紀錄，北極相比地球上的其他地區，平均的暖化速度約達2倍之高。北極暖化速度較快的現象稱之為「極地放大效應（Arctic Amplification）」。這並不是全球暖化的影響逐漸顯著到可被肉眼看見的現在才發然發生的現象，在電腦對未來的模擬預測中，北極的升溫速度也同樣是最快的。像是北極海的海冰面積減少，以及歐亞大陸的永凍土融化等，北極圈的環境正以肉眼可見的方式發生變化。

　　而這個變化也會改變大氣的流動，進而影響到我們居住的中緯度帶（第1章）。永凍土融解，會讓儲存在土地中的二氧化碳和甲烷等溫室氣體釋放到大氣，影響未來的暖化速度。可以說北極的暖化，不論在空間或時間上都將大幅影響地球的環境變遷。

　　那麼，為什麼北極的暖化速度會這麼快呢？目前已知最大的原因是「冰反照率回饋（新聞關鍵字17，P.86）」效應的影響。雪和冰這種顏色明亮的表面會反射太陽光，而海洋、土壤、植物這種顏色較深的表面則會吸收太陽光。所以雪冰融化後，海水會被太陽照射而變暖，然後更不容易生成海冰或積雪，使暖化加劇。

　　除了這種局域性的回饋效應外，其他還有遠距性的回饋。因為北極暖化而改變的大氣流動，會使冷空氣流出北極（1.3節）。與此同時，也會令低緯度的暖空氣流進北極。而流經北極海的洋流，也會受到大氣流動的變化，以及雪冰融解後的淡水流入的影響。諸如此類的大氣和洋流變化造成的回饋效應，以及這些效應究竟會有多大程度的影響，目前科學家還無法確定，今後仍需繼續研究。

━ 從白色北極變成藍色北極

被雪和冰覆蓋的白色世界，北極。這個狀態究竟還能維持多久呢？或許已經不會太久了也說不定。

北極海的海冰面積減少，在暖化造成的各種影響中，可說是最顯著的一個。尤其是海冰最少的9月的海冰面積，跟變化量較穩定的1980年代相比，已經只剩下當年的一半左右。現在北極海的海冰減少，已經是一種無法復原的變化，隨著今後暖化的推進，科學家預估海冰面積至少將持續縮小到本世紀中葉。而在對未來的模擬預測中，如果不立即採取適當的因應措施，最快到2050年，夏天北極海的海冰就將完全消失。換言之，可能將變成沒有冰的藍色北極（Blue Arctic）。

除了北極熊、海豹等大型哺乳類外，海冰更是各種魚貝類、微生物、藻類等小型生物的棲息地。另外，海冰的融解和形成所釋放的熱和鹽分，也對會把孕育這些微生物所需的養分從海底帶上淺海的湧升流有重要的作用。一旦海冰完全消失，可以想像將對生態系造成毀滅性的打擊。

▶圖1　北極正變得炎熱！

▬ 北極海航線

北極暖化的影響，不只限於氣候和生態系等自然層面，對人類社會也有很大的影響。各位聽過北極海航線這個詞嗎。連接日本跟歐洲的航線，過去一直是經由南海、印度洋、蘇伊士運河、再到地中海。然而，這條航道不僅航行距離長，還要面對索馬利亞海盜、以及中東情勢等地緣政治性的問題。近年，由於北極暖化使得夏季海冰減少，船隻不用擔心撞上冰山，使穿越北極海的航線成為了一個新選項。北極海航線不僅距離短，地緣政治性問題也比較少，雖然只有夏天可以通行，但仍是一條實用的路線，因而受到注目。

但另一方面，雖然夏天的北極海大多時候還算平穩，然而每隔幾年便會發生巨大的暴風。同時在北極完全變成藍色前的過渡階段，航線上應該還會有許多較薄的海冰。薄海冰的飄浮速度快，對於沒有耐冰或破冰能力的船舶十分危險。想要有效利用北極海航線，就必須提升預測天候，以及預測海冰的精準度。

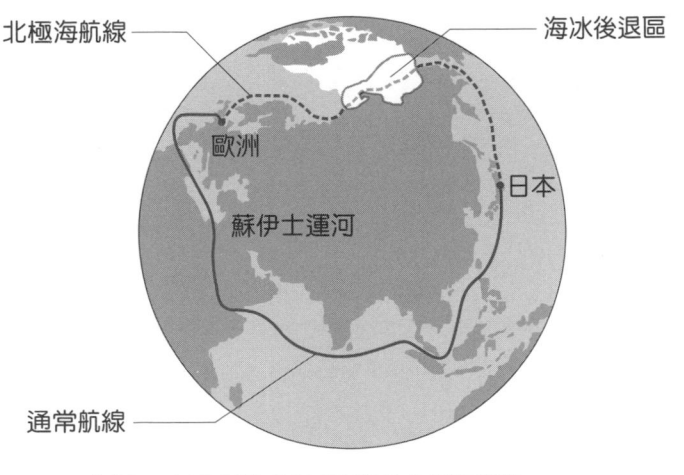

▶圖2　因北極的暖化而出現的北極海航線。

新聞關鍵字 12
IPCC氣候報告

　　煙囪排放的黑煙、工廠排放的汙水，會在排放的地區形成公害。如果只是小範圍的汙染，那麼由地方自治團體或國家政府處理即可。

　　然而，屬於全球範圍的全球暖化，卻不分州界或國境。要預測、評估、應對全球暖化的影響，必須由全世界的人攜手解決問題。而目前扮演這個全球意見統合者角色的組織，則是聯合國。聯合國內有一個名為「政府間氣候變化專門委員會（IPCC）」的機構，每隔幾年就會公布針對氣候變遷的報告。

　　IPCC是以聯合國環境署（UNEP）、隸屬聯合國的專門機構世

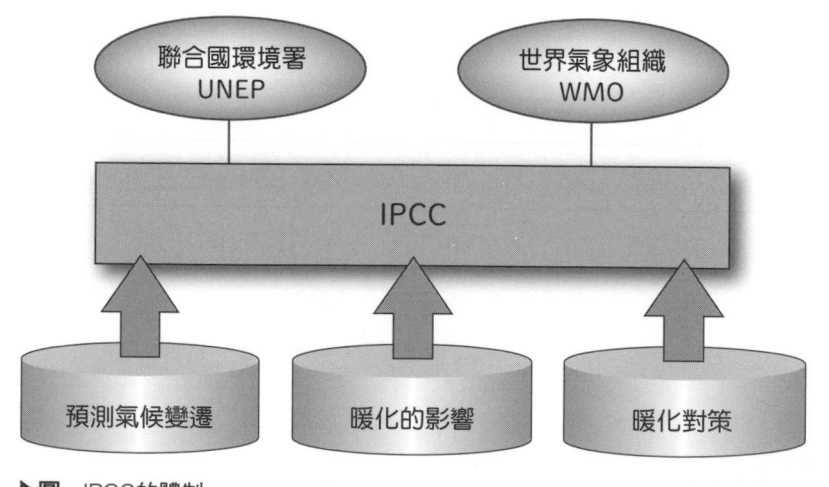

▶圖　IPCC的體制。

界氣象組織（WMO）為母體，由各國政府代表組成。IPCC氣候報告，分為「對氣候變遷的預測」、「全球暖化的影響」、「暖化對策」等三個大項。IPCC在2007年和2013年公開氣候報告時，曾被日本媒體和報紙大篇幅報導過。

　　而直到現在，全球各地的研究者，依然在日以繼夜地研究全球暖化的進行速度、暖化的正負面效應、以及對世界的影響、何種對策最為有效等問題。而關於這些議題的最新報告，預定將在2021年到2022年間公布。

巴黎協定

要建立全球暖化的對策，我們究竟該怎麼做才好呢？1997年12月時，各國政府曾在京都召開一場決定全球方針的大型會議。各國在這場會議決定的事項，被稱為京都議定書，是全人類因應全球暖化的重大一步。

然而，因為2001年美國退出等原因，在京都議定書中定下的溫室氣體減排目標，最後只達成了一部分。

制定了京都議定書的聯合國氣候變遷綱要公約國大會（COP），每年都會召開一次，並在2015年時反省了京都議定書的失敗，建立了新的協定。由於該會議在巴黎舉行，故被稱為「巴黎協定」。

巴黎協定是具有法律約束力的國際條約，規定了從2020年開始，所有協定國具體的具體抗暖化措施（全國全球暖化防止活動推進中心2019）。具體來說，包含將人類生活和工業排放的溫室氣體總量，降低到地球整體為0的程度；先進國家和開發中國家等所有國家共同推動抗暖化對策，且每5年檢查一次成果，一點一點提高減排目標。

在國際社會中，除了日本政府採取措施外，我們一般人民也必須思考能做什麼來減緩全球暖化，重視這個議題。譬如，在企業和公家機關推廣清涼商務運動。還有，選擇省電的家電，購買對環境友善的產品等等，從日常生活降低溫室氣體的排放也很重要。

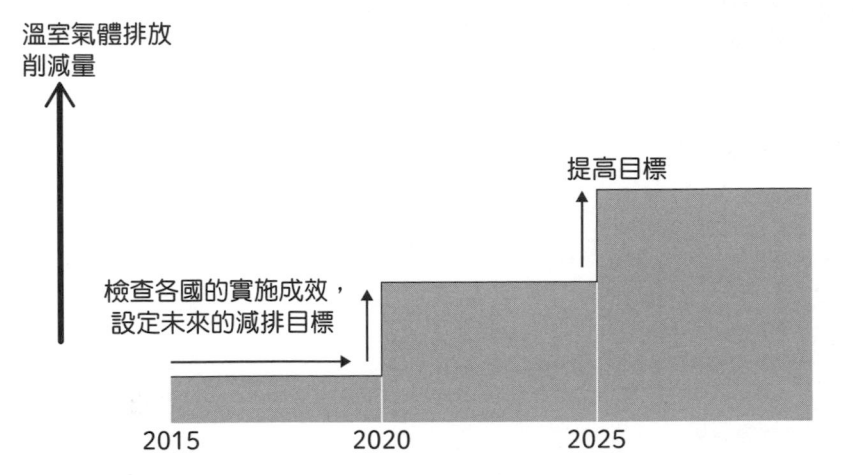

溫室氣體排放
削減量

提高目標

檢查各國的實施成效，
設定未來的減排目標

2015　　　　　2020　　　　　2025

▶圖　每5年設定一次減排目標，然後逐漸提高目標。

【參考文獻】　全国地球温暖化防止活動推進センター『第21回締約国会議（COP21）』
http://www.jccca.org/trend_world/conference_report/cop21/.

全球暖化與異常氣象

　　酷暑、豪雨、暴風、寒流、豪雪……每當以前從未經歷過的極端氣象在眼前發生時，我們就會感受到生命的危險，產生恐懼。並且，擔心類似的事件會不會再度發生，感到惶惶不安。異常氣象發生時，民眾和媒體之所以總會詢問科學家「這是不是全球暖化造成的」，或許正是出於我們的這種心理吧。

　　一如在第1章解說的，氣象並非總是規律發生，偶爾也會出現像是豪雨這種極端的現象。異常氣象如果常常發生的話，就不是「異常」了。然而，1天下超過100mm的豪大雨，以及35℃以上的酷暑，如果統計這些以某種基準判別的「極端現象」的次數，那麼它們的頻率的確正隨著全球暖化發生改變。

　　全球暖化，指的雖然是平均氣溫緩慢改變的現象，但就像有些地區變得特別容易被高氣壓籠罩、有些地區變得特別不容易被高氣壓籠罩；有些地區變得特別容易降雨、有些變得特別不容易降雨，在某些地區確實可能導致極端現象的出現次數激增或變強。

　　一般來說，全球暖化造成的升溫，會使極端高溫的發生日數增加。另外，若氣溫上升，空氣可容納的水氣（飽和水蒸氣量）也會增加。當游擊式暴雨（6.2節，P.218）這種強烈對流發生時，周圍的水氣就會一口氣變成雨水，所以全球暖化加劇後，可想而知豪雨的雨量將會增加。

　　極端現象本身就算沒有全球暖化的影響，也原本就會偶爾發生，所以當此類現象發生時，並不能馬上斷言「這是全球暖化的錯」。然而，全球暖化加劇，對這類極端現象的發生機率有多少影響，是可以檢證出來的。一如2018年7月襲擊日本的豪雨，每年，

世界必然有某個角落會發生極端現象，但此類現象的發生機率受到全球暖化多大的影響，目前全球的科學家正在進行檢證（AMS，2019）。

那麼實際上，隨著全球暖化加劇，極端現象究竟有沒有增加呢？在日本，1天的降雨量超過100mm的豪大雨發生次數，的確是在增加（氣象廳，2017）。另外，氣溫超過35℃的酷暑日數也同步上升。不過，在這數十年間都市化程度提高的地區，也有熱島效應（新聞關鍵字21，P.114）的作用，所以在統計時必須留意。另外，由於極端現象偶爾才發生一次，所以也有難以判斷其次數究竟有無增減的地區，以及反而減少的地區。

根據統計了世界極端現象發生頻率變化的IPCC（2013）報告，幾乎大部分陸地上的區域，酷暑和熱帶夜的頻率都在增加，而在歐洲、亞洲、澳洲的大部分地區，也確認到熱浪侵襲次數上升的情況。

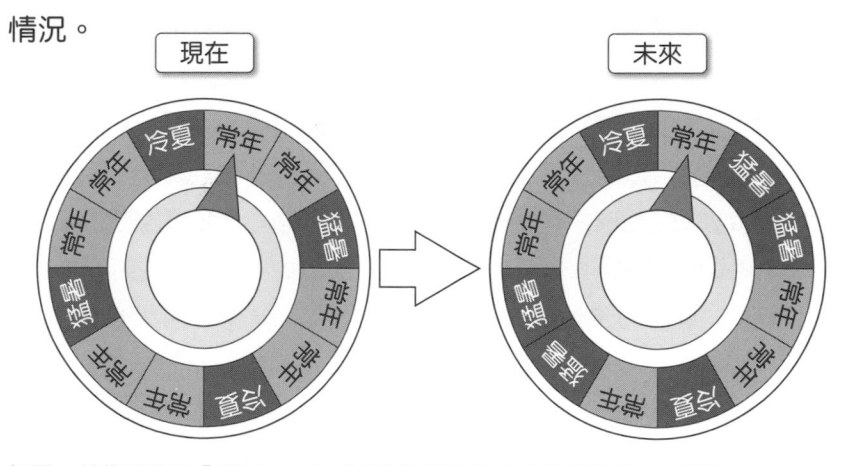

▶圖　就像輪盤的「格子」，全球暖化使得異常現象的「格數」改變了。

【參考文獻】　American Meteorological Society, Explaining extreme events in 2017 from a climate perspective, Bulletin of the American Meteorological Society, vol. 100, 2019.
　IPCC, Climate Change 2013: The physical science basis, Contribution of Working Group I to the Fifth Assessment Report of the Intergovernmental Panel on Climate Change, Cambridge University Press, 2013.
　気象庁『気候変動監視レポート2016』気象庁，2017年，P.36

全球暖化與颱風

提到氣象災害，相信大多數住在日本的人第一個想到的都是颱風（第6章）。誕生在水氣豐沛的熱帶，在初夏到初秋期間經常為日本帶來暴風雨和漲潮的颱風，在全球暖化的時代，究竟有什麼樣的改變呢？

颱風，指的是全世界泛稱熱帶低氣壓的現象中，發生在日本南方、太平洋熱帶海域上的超強亞種。根據全球氣候模型的模擬結果，包含颱風在內的全球熱帶低氣壓，整體數量雖然減少了，但會帶來災害的猛烈型熱帶低氣壓數量卻增加了。而這些熱帶低氣壓帶來的雨量也隨之增加（日本氣象學會2014、金田2018）。

那麼侵襲日本的颱風有什麼改變呢？颱風雖然主要在菲律賓附近的海域生成，但隨著全球暖化加劇，科學家們發現容易出現颱風的地區，正逐漸朝東側、中太平洋方向偏移（Yoshida *et al.* 2017）。不僅如此，決定颱風行進方向的風流也出現改變，因此颱風變得更容易往東走，可能會比過去更頻繁通過東日本東方的海域（日本氣象學會，2014）。

然而，颱風的預測是一項很大的題目。現在，用來預測全球暖化的氣候模型，大多只能計算到數十km～數百km規模的大氣變動，對於規模更小的積雨雲的變化等，只能用簡化的方式呈現。因此，這些模型雖然可以呈現粗略的颱風動態，卻無法重現颱風眼的渦流結構，仍無法確定對颱風未來變化的預測有多少可靠度。

為了克服諸如此類的問題，科學家們正嘗試用更先進的超級電腦（第4章）進行大規模運算，使用可重現颱風細微結構的高解析度模型，來預測颱風的變化。

現在　　　　　　　　　未來

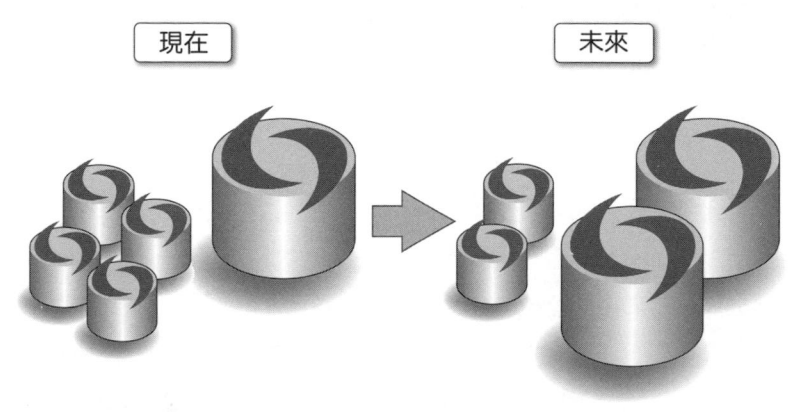

▶圖　颱風整體的數量雖然減少，但強颱的數量卻增加。

【參考文獻】　金田幸惠「100年後の台風－地球温暖化は台風にどのような影響を与えるか？」『台風についてわかっていることいないこと』ベレ出版，2018年，P.201-237
日本気象学会（編）『地球温暖化 そのメカニズムと不確定性』朝倉書店，2014年，P.91
Yoshida, K., M. Sugi, R. Mizuta, H. Murakami, and M. Ishii, Future changes in tropical cyclone activity in high-resolution large-ensemble simulations, Geophysical Research Letters, vol. 44, 2017, pp. 9910–9917.

全球暖化與櫻花花期

　　過去，說起櫻花綻放的時節，大家想到的明明都是開學的4月分，但如今櫻花的花期已悄悄提前到了3月的畢業季──相信有不少地區都有這樣感覺吧？實際上，日本各地的櫻花花期都有逐漸提前的傾向。日本氣象廳自1953年起，每年都會記錄並公開各地櫻花的開花、滿開日等生物季節（動植物對季節變化做出反應）資料。根據此資料，以福岡為例，櫻花的開花日在近65年間提前了8天左右。

　　話說回來，櫻花的「開花日」到底是怎麼確定的呢？氣象廳的作法，是在各地選出一棵特定的櫻花木當作「標本木」，然後以該樹木開滿5～6朵櫻花的那天為「開花日」。譬如在東京，每天都會有氣象廳的職員親自到位於靖國神社內的標本木，檢查櫻花木開花了沒，來決定該年東京的開花日。而其他像民間企業，也有以該地區所有櫻花中，一定比例以上的櫻花木都開始開花的那天為開花日的。

　　相信有許多人都會好奇「今年什麼時候可以開始賞花？」，上網調查自己居住地的開花、滿開預測日。過去氣象廳公布的「櫻花開花預報」，在2009年時便已終止，改由幾間民間企業用各自的方式進行預報。

　　那麼為什麼櫻花有些時候開得比較早，有些時候開得比較晚呢？這是因為櫻花的花芽，早在前一年夏天左右就會長出，然後進入休眠狀態，直到經過寒冬後才會重新甦醒。這個現象被稱為「打破休眠」。要打破櫻花的休眠，該年的冬天就必須有足夠日數的低溫才行。換言之，如果該年的冬天的嚴寒期比往年來得晚，那麼櫻

花芽也會醒得晚，讓花開得比較慢。

　　此外，花芽打破休眠後要開花，也需要一定天數的溫暖日。所以若該年早春的溫暖日子比往年更長，那麼花期就會來得比較早。隨著全球暖化加劇，春天的溫暖期也會來得更早，但因為還需要跟打破休眠的時期達成平衡，所以不是所有地區的開花期都一定會提前。

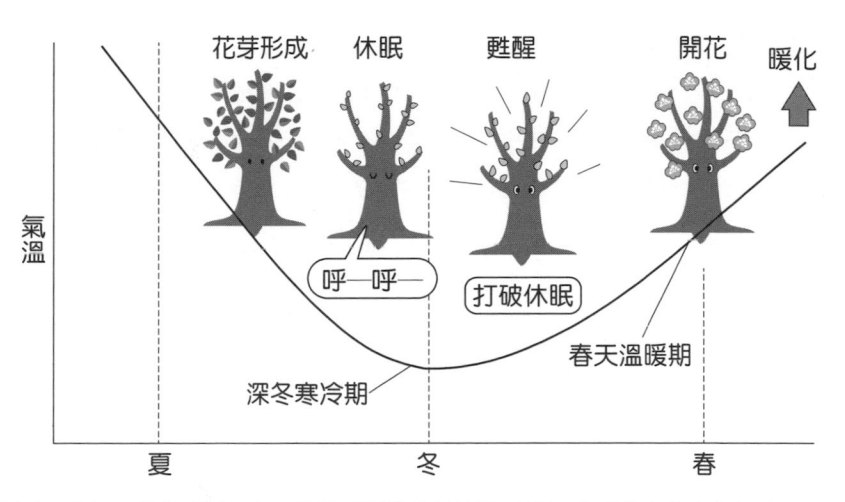

▶圖　由冬天的寒冷期和春天的溫暖期決定的開花時期，在暖化之後會有何改變呢？

冰反照率回饋

　　天冷就會下雪。這感覺是理所當然的事。但其實下雪也會讓天氣變冷。有這種感覺的人，或許天生就具備察覺氣候變遷的能力。

　　陽光是由紅外線到紫外線等各種波長的光混合而成，而日照帶來的能量，也讓地球的氣溫維持在最適合生命活動的狀態。雪和冰這種表面白色的物體，會把大部分的日照能量都反射回去。另一方面，水面、地面、植被等顏色較深的物體，則會吸收大部分的日照能量，除了吸收能量的物體本身變熱外，也會使周圍的氣溫上升。

　　換言之，在相同的日照量下，冰雪有無的差異，會產生「溫暖的地方變得更暖，使冰雪融解；冷的地方變得更冷，使冰雪不易融解」的正回饋效應。這就叫做冰反照率回饋。「反照率（albedo）」指的就是對太陽光的反射率，陸地和海水表面的反射率約在0%～20%之間，而積雪和海冰則高達80%，相差甚鉅。

　　冰反照率回饋，是理解氣候變遷最重要的一個關鍵字。一旦海冰和積雪區域因為某種因素變少，該地區的日照能量吸收量就會增加，使氣溫上升，加速剩下雪冰的融解。而這種加速暖化的現象，正在北極發生。

　　另一方面，在以億年為單位的時間尺度為研究對象的古氣候學領域，主流學派認為地球曾有幾段時期完全被雪冰覆蓋。此狀態的地球被稱為雪球地球。雪球地球形成的外部因素，一般認為是地殼變動導致溫室氣體減少，而此類外部因素之所以會令整個地球加速冷卻，就是因為冰反照率回饋（中島、田近，2013）。

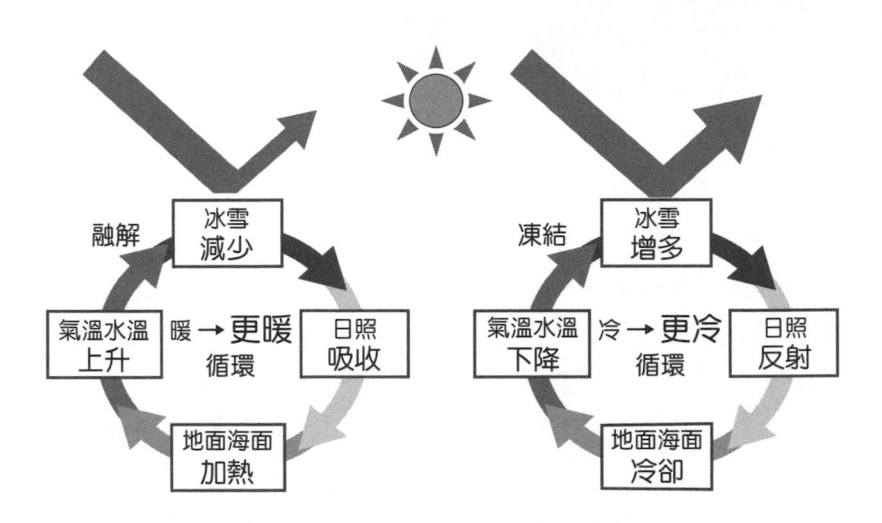

▶圖　冰雪與日照的關係。溫暖的地方變得更暖，寒冷的地方變得更冷。

【**參考文獻**】　中島映至、田近英一『正しく理解する気候の科学』技術評論社，2013年

藍色北極（Blue Arctic）

　　根據預測未來氣候的全球暖化模擬，夏季北極海的海冰可能將在2050年左右完全消失。覆蓋北極海的白色海冰消失，變成一片蔚藍的海洋，這狀態被稱為「藍色北極（Blue Arctic）」；對自然環境，乃至人類社會的影響，都受到各界注目。而這裡就讓我們從氣候的觀點，思考看看氣候會有什麼改變吧。

　　若北極在夏天吸收日照能量而升溫，上空的噴射氣流可能會減弱，大幅蛇行，增加阻塞高壓等異常氣象的出現次數。夏季累積在海洋的熱量，也會在冬天妨礙海冰的生成。這可能使冬天也出現噴射氣流大蛇行的異常氣象。

　　另一方面，沒有海冰後的海洋會把大量水蒸氣釋放到大氣中，預估將使低層雲和降雪量增加。積雪的增加會讓氣候變冷，但雲的增加既有寒化也有暖化的效應。由此可見，由於有許多複雜的機制在作用，所以在夏天北極海海冰消失的世界，氣候究竟會有何種變化，就連科學家也還不太確定。

　　但不論如何，無論是對自然環境還是人類社會，超過生物和人類適應極限的急驟氣候變遷，都不會是一件好事。

　　那麼實際上，有證據表明藍色北極時代將會到來嗎？根據美國國家海洋暨大氣總署（NOAA）的最新報告（Arctic Report Card 2018），北極海的海冰中壽命高於1年的多年冰，已比30年前減少了95%（！）之多。或許藍色北極時代很快就會來臨了。

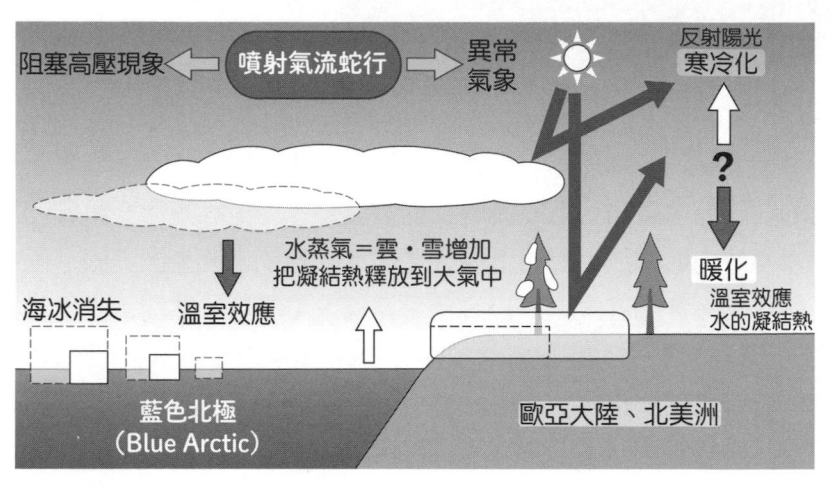

▶圖　北極海的海冰消失。屆時的氣候會如何變化？

全球暖化與平流層

　　若溫室氣體增加，一如各位前面已經學到的，包含地表附近在內的對流層會變暖，但平流層反而會變冷。這是因為溫室氣體的增加會使熱輻射增加，所以下層大氣釋放的熱能會使地表變暖；而地表的熱雖然會加溫大氣，但高空平流層大氣釋放的熱卻會逃逸至太空，一去不回（2.1節，P.58）。

　　所以全球暖化對策的最大重心，就是減少溫室氣體的排放，相信這點應該沒有人會反對。而要達成1997年的京都議定書，以及2015年的巴黎協定（新聞關鍵字13，P.78）定下的減排目標，國際合作非常重要。

　　同樣的國際合作協議，還有以保護平流層臭氧層為目的，於1987年通過的「蒙特婁議定書」。蒙特婁議定書限制了會破壞臭氧層，由人類活動排放的氟化物總量，避免影響人類的健康和自然環境。蒙特婁議定書中的規定，經過了數次修改，目前仍在生效。氟化物中，也存在溫室效應遠比二氧化碳更強的氣體，所以為了因應全球暖化，未來的管制將會更加嚴格。

　　在限制了氟化物的排放量後，地球整體的臭氧層已有緩慢修復的跡象（WMO and UNEP，2018）。另一方面，從氣候學的觀點來看，平流層有寒冷化的傾向，而平流層愈寒冷，對臭氧層破壞具有催化作用的極地平流層雲（珠母雲）就愈容易產生，因此有報告表示未來數十年仍需繼續追蹤臭氧層的動態。實際上在2011年時，北極平流層就因為出現了非常寒冷的極地渦旋，使得臭氧層被破壞，觀測到以前從未在北極觀測到的臭氧層破洞。

主要氟化物的臭氧層破壞係數*與暖化係數**

氟化物	化合物名	臭氧層破壞係數	暖化係數	用途	
CFCs（氟氯碳化物）	CFC-11	1	4750	冰箱用的冷媒、噴霧罐的原料	蒙特婁議定書的管制對象（臭氧層保護）
	CFC-12	1	10900		
	CFC-113	0.8	6130		
HCFCs（氫氟氯碳化物）	HCFC-22	0.055	1810	氟氯碳化物的替代物	
	HCFC-141b	0.11	725		
HFCs（氫氟碳化物）	HFC-125	0	3500	氟氯碳化物的替代品（雖然不會破壞臭氧層，但有強烈的溫室效應）	京都議定書的保護對象（避免全球暖化）
	HFC-134a	0	1430		
	HFC-23	0	14800		
PFCs（全氟化合物）	PFC-14	0	7390		
SF6（六氟化硫）	SF6	0	22800	工業用途或絕緣性氣體	

（*臭氧層破壞係數，是以CFC-11的臭氧層破壞係數為1的相對值，**暖化係數則是以二氧化碳的溫室效應強度為1的相對值。）
出處：IPCC第4次評估報告（2007）及地球環境研究中心（2014）

【參考文獻】 World Meteorological Organization, Scientific Assessment of Ozone Depletion: 2018, Global Ozone Research and Monitoring Project–Report No. 58, 2018. (https://ozone.unep.org/science/assessment/sap)
国立環境研究所 地球環境研究センター（編）『地球温暖化の事典』丸善出版，2014年
IPCC, Climate Change 2007: The physical science basis, Contribution of Working Group I to the Fourth Assessment Report of the Intergovernmental Panel on Climate Change, Cambridge University Press, 2007.

2018年7月的豪雨與我的研究　　　　釜江 陽一

　　炎炎溽暑持續不歇，與日本的炎夏形成對照，美國的加州卻正面對低濕度的日子。曾在位於南加州的聖地牙哥做了2年研究的我，對偶爾會在加州引起豪雨災害的「大氣河流」現象頗感興趣，便與當地的研究者共同進行了研究。

　　大氣河流，是種熱帶的暖濕空氣與高緯度的乾冷空氣在中緯度相撞，將大量水蒸氣帶到高空的現象。在冬天的加州，隨低氣壓東進的大氣河流，在撞上西海岸的山脈後，便會帶來豪雨和洪水。因此，這是一個常常在每天的天氣預報上出現的詞彙。

　　2017年離開加州返回日本後不久，一則令人震驚的新聞便在日本傳開。2018年7月上旬，西日本發生了大範圍的豪雨，超過200人因洪水和土石流而死亡。在岡山縣倉敷市真備町，小田川因豪雨而決堤，導致大片居住區淹水淹到兩層樓高。

　　由於我的研究領域主要是氣候的長期變化，所以比較少關注每天的天氣變動，事前完全沒有預見2018年7月那場被稱為豪雨的洪災。看到新聞後，我一邊心想自己能出什麼力，一邊納悶為什麼明明沒有颱風，卻會發生這麼大範圍的豪雨災害呢。

　　然後，我詳細調查了一下氣象資料，才發現事發當時有大量水氣從日本南海飄來，經過日本上空。這個現象，正是我不久前跟其他學者一起研究過的「大氣河流」。當時流經日本上空的水氣量，如果換算成河川的流量，竟有全球流量最高的亞馬遜河的2倍以上。

　　「大氣河流」在包含日本在內的亞洲從前較少受到關注，但在目擊這次的豪雨災害後，我重新體認到日本也應該好好研究大氣河流是如何帶來豪雨，又可以在多少天前預測它的發生。現在，我正與國內外的學者協力合作，研究侵襲日本的大氣河流的機制。

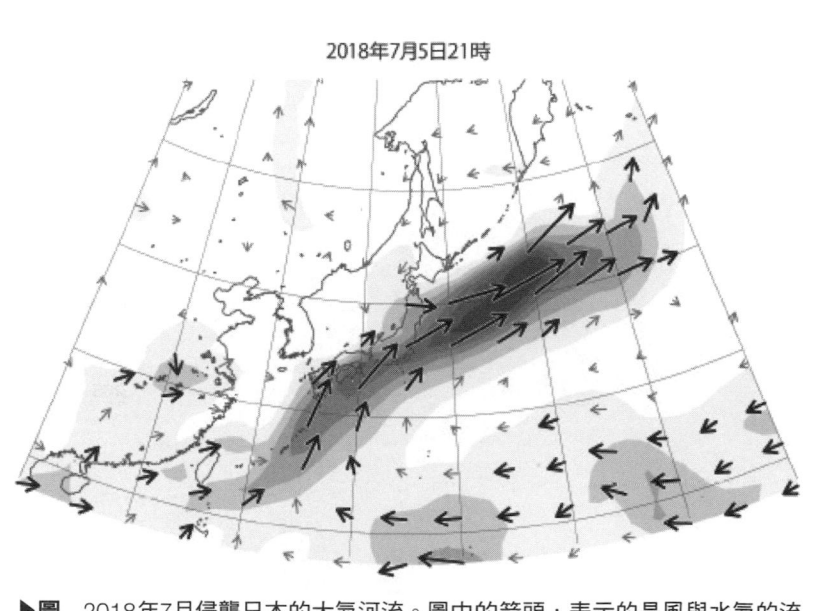

▶圖　2018年7月侵襲日本的大氣河流。圖中的箭頭，表示的是風與水氣的流動強度。

第 **3** 章

氣候會對生活
造成何種影響？

3.1——人類有辦法逃離天氣嗎？

━ 日本的全年氣候很惡劣？

從全球的角度來看，日本是個全年溫差很大的國家。以東京為例，最冷月的1月平均氣溫，在常年的平均值是5.2℃；而最暖月的8月則是26.4℃，年溫差達21.2℃之多。儘管莫斯科等亞寒帶的都市，全年溫差可能更大，但日本氣候的最大特徵，是一年之中有酷

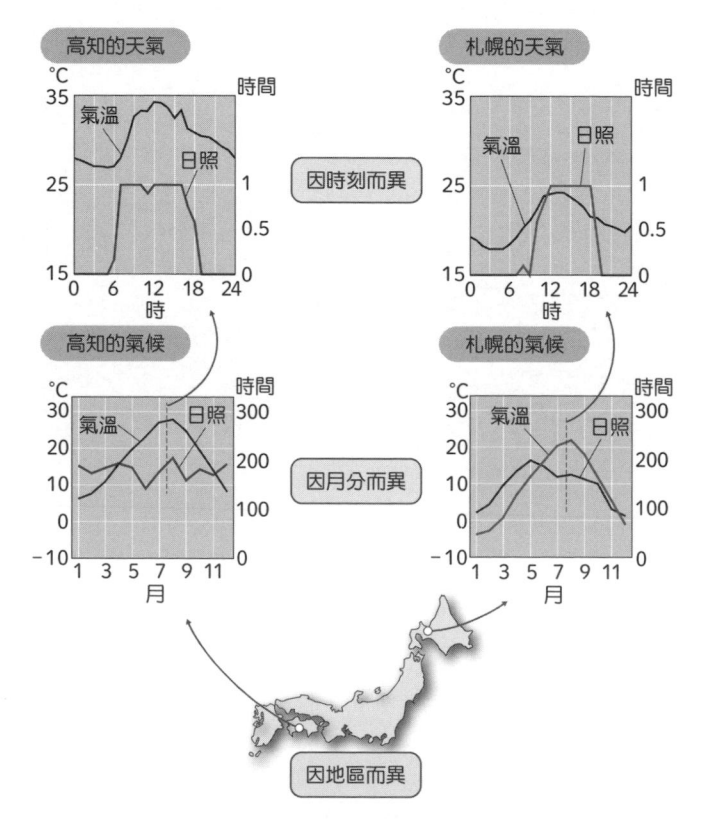

▶圖1　日本不同地區的天氣和氣候都大不相同。同時，同一地區的氣候也會因月分而異，且一天之內的天氣也會因時刻而異。

暑也有嚴寒。因此，日本人自古就為了適應這種惡劣的氣候而發展
出了獨特的生活文化。

日本列島南北狹長，且地形起伏較大。這樣的地理環境再加上
季風和洋流的影響，使得日本不同地區的氣候有很大的差異。相信
讀者們應該都還記得，以前在學校時學過的靠日本海側和靠太平洋
側的氣候差異。譬如，北海道的氣候夏涼冬冷，但靠太平洋的都府
縣，氣候卻是夏天酷熱冬天乾燥。而當地的居民，除了要適應該
地區特有的氣候，也要適應當地特有的天氣（圖1）（新聞關鍵字11，
P.50）。

▬ 全球正夯的生物氣象學

極端的炎熱或寒冷，會對人的健康造成不良影響。而在日本，
每到夏季便常常聽到有人因炎熱而中暑的新聞。天氣和氣候與疾病
的關係，自古便為世界各文明所知，也存在很多科學研究。這個學
術領域就叫做「生物氣象學」（圖2），並存在一個名為國際生物氣
象學會（International Society of Biometeorology，簡稱ISB）的國際學會。
生物氣象學的研究對象不只是人，也包含家畜、果樹等動植物，譬
如乳牛因熱壓力導致牛乳品質降低、植物花期的早晚（新聞關鍵字
16，P.84）等也在研究範圍內。

因此，生物氣象學可說是一個跨領域的研究分野。在以疾病為
研究對象的題目中，需要醫學和衛生學的知識；以動植物為對象時
則需要生物學和農學的知識；以人的舒適性為目標，除了醫學之
外，還需要建築學的知識。可說是氣象學＋各種其他知識的組合。

▬ 氣象病與季節病

我們的身體，無時無刻都暴露在大氣下。因此，大氣的變化，
會直接影響我們的身體。因一天或數天長度的氣象變化而導致的疾

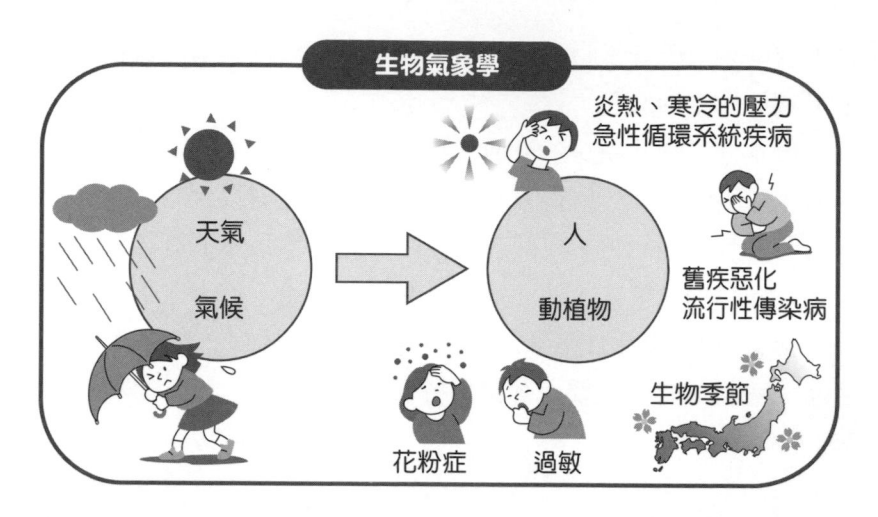

▶圖2　生物氣象學的概念圖。天氣跟氣候，會對人的生活和動植物生態造成各種影響。

病，稱之為氣象病。譬如氣壓或氣溫的急遽變化，會使人體的自律神經機能變得不穩定，導致循環系統或呼吸系統的調節能力變差。有名的氣象病，有風濕、支氣管性氣喘、頭痛、眩暈等等，以及沒有明確病名的亞健康不良狀態。當溫帶低氣壓鋒面通過或颱風接近時，氣溫和氣壓就會在短期內大幅變化，需要留意氣象病發作。

　　而因一年中的季節變化而引起的季節特有疾病，則稱為季節病。有些季節病同時也是前述的氣象病，但季節病的典型，是夏天的炎熱和冬天的嚴寒而引起的中暑和流感等疾病。

　　氣象病和季節病會因每個人的敏感度有較大差異，所以每個人表現出來的症狀和程度各異，也沒有明確的規律可循；但仍然可以透過天氣預報和氣象觀測資料，在發病機率的增減上進行某種程度的預測。一如開頭所述，日本是個無論天氣還是氣候，在時間和空間上變化都十分劇烈的國家。所以生活在這個國家的我們也必須做足功課，維持舒適的溫熱環境，方能避免罹患氣象病或季節病。

3.2——炎熱會帶來什麼影響？

■ 早晚都好熱……

日本夏季的最高氣溫，似乎每年都在上升。以代表炎熱度的氣溫當標準，可分為全日最高氣溫在35℃以上的猛暑日，以及夜間最低氣溫在25℃以上的熱帶夜兩種。根據氣象廳近幾十年在大阪市同一地點的氣象觀測資料，在1970、1980年代，大多

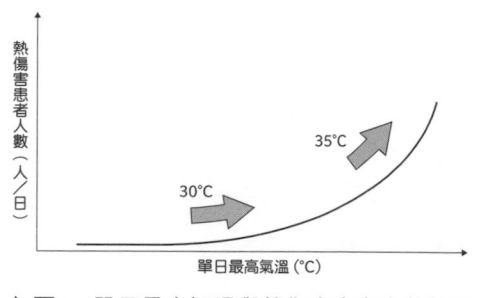

▶圖1　單日最高氣溫與熱傷害患者人數的關係（概念圖）。一天的最高氣溫到30℃以上，熱傷害患者的人數就開始增加，超過35℃後則暴增。

數的年分每年猛暑日日數還不到5日；但進入2000年代後，即使全年的猛暑日超過1個月也不算稀奇。

全日最高氣溫愈高，熱傷害人數也有增加的傾向。如圖1所示，當最高氣溫超過30℃，救護車運送的熱傷害病患也同步增加（小野，2012；森本、中井，2016）。同時熱帶夜的日數與從前相比也有增加，在前述的大阪市，全年熱帶夜日數超過1個月的年分稀鬆平常，甚至有逐漸逼近2個月的趨勢。因此在晚上發生熱傷害，以及因炎熱而睡眠不足的病患人數也有增加的現象。

■ 炎熱的指標不只氣溫

使人感到炎熱的氣象因素，並不只有氣溫。若風速減弱，人體散發的熱就比較不容易散發到大氣。而空氣濕度愈高，汗水就不容易蒸發帶走熱量。因此，有時天氣會感覺比實際氣溫更熱。從熱傷

害的生理學機制來看，除了氣溫外，還需要考慮濕度、日照量、風速對人體的影響（新聞關鍵字22，P.117）。而綜合這所有要素的指標就是「炎熱指數」。所謂的炎熱指數，簡單來說就是體感溫度的意思。

世界各地自古以來就有炎熱指數的概念，包含比較簡單易用的「舒適指數」和「WBGT（wet-bulb globe temperature）」，以及使用人體模型求出量化值的「SET*（standard new effective temperature）」和「UTCI（universal thermal climate index）」等等，種類繁多。依照炎熱、寒冷，室外環境或室內環境，不同的評估對象或目的，所用的炎熱指數也不一樣（圖2）。

■ 會熱的不只是人

酷暑也會對人以外的生物造成傷害。譬如牛和雞等家畜也會發生熱傷害。因為牲畜跟人不一樣，不會用行動自行調節體溫（新聞關鍵字22，P.117），所以農家每天都得留意飼育場所的環境溫度。

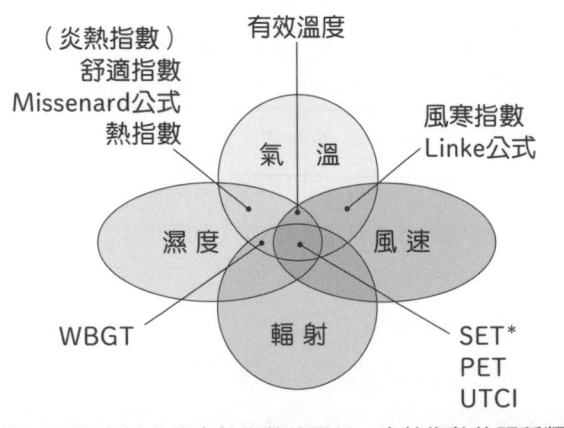

▶圖2　氣象要素以及與之組合的炎熱指數的關係。炎熱指數依照種類，有的只適用於炎熱環境或寒冷環境，有的指標則需要把穿衣量跟人體代謝量考慮進來。

　　而不耐熱的農作物也很多。雖然在日本栽種的大多是能適應高溫多濕氣候的作物，但若猛暑日連續太多天，發生高達40℃的極端高溫，採收量和作物品質仍可能會下降。而此類高溫傷害，最容易發生在露天栽種為主的稻米、蔬菜，甚至果樹上。此時就跟畜牧業一樣，農民必須採取因應對策，付出大量的勞力或金錢成本。2010年發生的夏季異常高溫和少雨，便在日本各地造成稻米品質低落，以及蔬菜、果樹的採收量降低等農損（松村，2011）。

▋ 習慣炎熱

　　一如先前所述，由於人體具有高效的散熱機能，所以就算天氣發生變化，也能在一定範圍內維持體溫。不過，為了讓這個散熱機能發揮最大效用，我們必須在天氣真正炎熱起來前，先讓身體適應炎熱。

　　實際上比起8月，熱傷害人數在初夏的6、7月，也就是梅雨季剛過的時候增加最多。圖3是梅雨季過後，大阪府的熱傷害患者人數跟最高氣溫的關係圖。圖表顯示在梅雨季剛結束，最高氣溫最高的日子，熱傷害患者最容易突然增加；但正式進入夏季，過了盂蘭盆節的那段時間，儘管最高氣溫很高，熱傷害患者的增加數量卻沒有梅雨季結束時那麼多。

　　這種現象名為熱適應，也就是藉由置身在適度的炎熱中，讓身體的體溫調節機能在炎熱環境中發揮作用。由於梅雨季剛過的那段時間，身體還沒有適應炎熱，所以需要特別小心熱傷害。

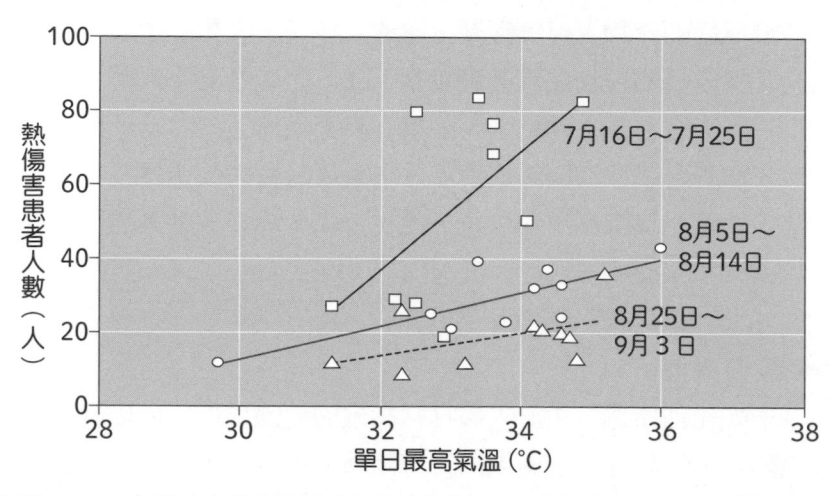

▶圖3　2012年夏天大阪府的單日最高氣溫紀錄與熱傷害患者人數的關係圖。梅雨季結束後（7月16日～7月25日），最高氣溫愈高的日子病患人數增加愈多；但進入8月後（8月5日～14日，8月25日～9月3日），在最高氣溫很高的日子，也沒有出現像梅雨季剛結束時那樣的激增現象。本圖根據氣象廳（https://www.data.jma.go.jp/obd/stats/etrn/index.php）與消防廳（http://www.fdma.go.jp/neuter/topics/fieldList9_2.html）的公開資料繪製。

【參考文獻】　松村伸二「2010年夏季の異常高温と農業被害──水稲を中心として」『自然災害科学』第30卷2號，2011年，P.169-192
　森本武利、中井誠二「熱中症（II）熱中症の疫学」『産業医学ジャーナル』第39卷4號，2016年，P.24-30
　小野雅司「2010年夏の熱中症」『気象研究ノート』第225號，2012年，P.29-35

3.3──寒冷會帶來什麼影響？

▬ 流感盛行

　　已知某些傳染病的流行，跟天氣和氣候有關。在日本，每年估計有超過1000萬人罹患流行性感冒，在寒冷的冬季，流感常常連續好幾天成為電視報紙上的話題。一旦流感病毒進入人體，就會導致疾病；而流感的傳染途徑，有吸入含有病毒的他人咳嗽、噴嚏的「飛沫感染」，以及藉由直接接觸到病毒附著物的「接觸感染」。

　　2015年12月～2016年2月（2015年度）的冬天，日本全國都是暖冬，而2017年的冬天則是寒冬。圖1是2015年度、2016年度、2017年度冬天的流感人述變化圖。由圖可見在寒冬的2017年度，進入12月後感染人數就立刻攀升，大流行到隔年1月。順帶一提，該年估計全日本有超過2000萬人感染流感（國立感染症研究所，2018）。另

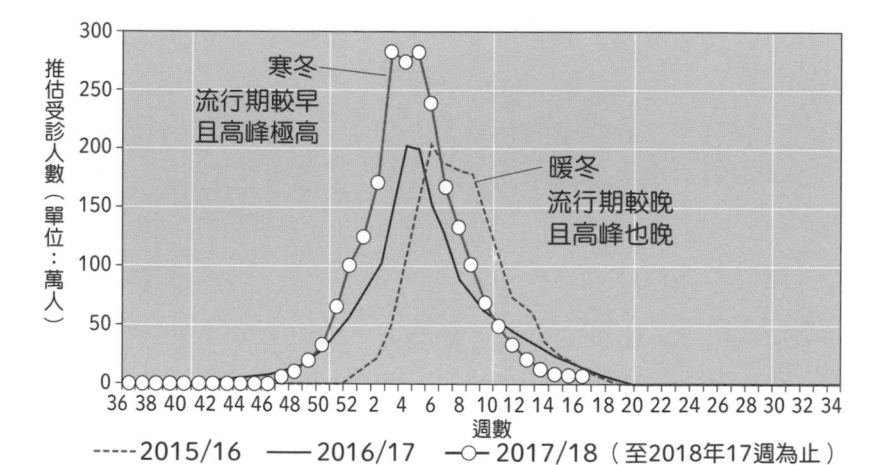

▶**圖1**　2015～2016年（2015年冬）、2016～2017年（2016年冬）、2017～2018年（2017年冬）等3季的流感罹患人數之變化。本圖根據日本國立感染症研究所（2018）年的圖表繪製。

一方面，在暖冬的2015年度，直到跨年之後才開始流行，流行尖峰出現的時間也比較晚。

　　除了此類防疫學的觀察外，也有不少實驗已證實了氣象條件與流感的關係。這些實驗的結果顯示，病毒在低濕乾燥的天氣下生存時間更久，譬如Harper（1961）的實驗就發現，在室溫20.5℃～24.0℃下，如果相對溼度低於40%，病毒的生存時間就會更變長。而根據動物實驗的感染率研究，若同時提高溫度和濕度，增加空氣中的水蒸氣，可以降低流感病毒的感染風險（Lowen *et al.* 2007）。

■ 寒冷對健康的影響也很大

　　其實，相較於炎熱，全球每年死於寒冷的人數更多，連日本也不例外（Gasparrini *et al.* 2015）。在這層意義上，寒冷對健康的影響比夏季中暑更加深遠。不過，寒冷導致的死亡比夏天的熱傷害更難發現，而且表現出來的症狀也更多樣。那麼在寒冷環境下，人體究竟會出現何種生理反應呢？

　　低溫直接導致死亡的嚴重疾患，有失溫和凍死。這些都是因為長時間暴露在低溫下，超出體溫調節機能的負荷能力，使體溫變得太低的極端例子。人類是能夠把體溫維持在一定範圍的恆溫動物。為了不使體溫在寒冷環境中而下降太多，人體會透過代謝和顫抖來產生熱。另一方面，為了不使體內的熱在低溫環境中逃散到大氣中，人體會透過自律神經收縮身體表層的血管。然而這個反應也會使血壓上升，增加血管的負擔。因此在低溫下，會增加與腦和心臟有關的循環系統疾病的發病風險。

■ 以寒冷為導火線的急症可怕之處

　　人類的身體平常受到自律神經（新聞關鍵字22，P.117）控制。自律神經與人的意識無關，負責控制內臟的運作等活動；在一天之中，以及一年中的不同時節，自律神經的作用也會有所變化。

　　夏天的時候，由於自律神經之一的副交感神經比較活躍，所以血管會擴張，血壓也比較低。相反地，冬天則是交感神經比較發達，所以跟夏天相反，血管會收縮，使血壓容易上升。這個機制可使人體的熱在夏天容易散發，在冬天則不容易散發；但血壓上升，也使得心肌梗塞、腦梗塞、腦溢血等致死性疾病在冬天比較好發（圖2）。特別是高齡者若有動脈硬化或高血壓問題，發病風險又更高，必須特別注意。

　　而就算是在室內，也會因為突然在冷熱之間移動，引發「熱休克」（新聞關鍵字23，P.120）這種可怕的現象。觀察圖2，可看出比起北日本地區，在西日本等靠太平洋的地區，氣溫低的月分心肌梗塞的死亡率顯著上升，但也有研究指出這乃是住宅的隔熱性差異造成的影響（濱田等人，2012）。

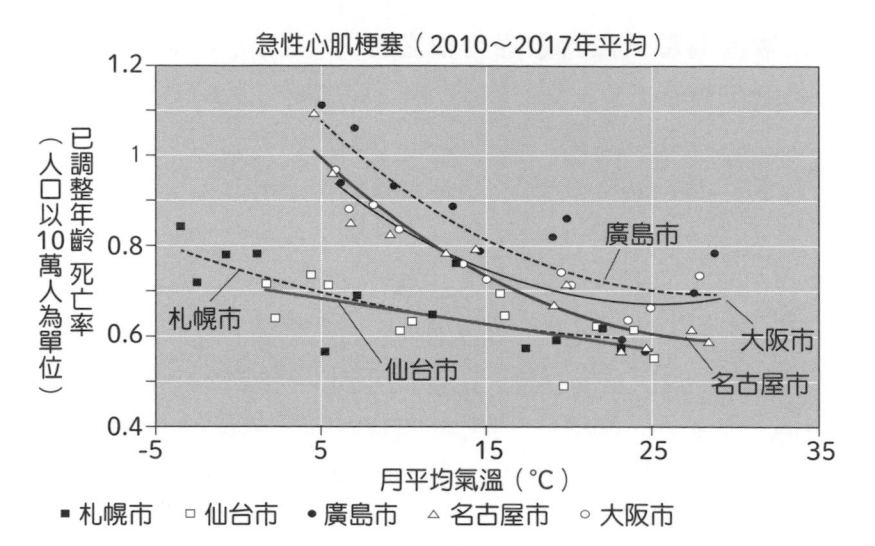

▶圖2　月平均氣溫（2010～2017年的8年平均）與急性心肌梗塞死亡率的關係。
改編自新治（2019）的圖。

【參考文獻】　国立感染症研究所「今冬のインフルエンザについて（2017/18シーズン）」
https://www.niid.go.jp/niid/images/idsc/disease/influ/fludoco1718.pdf
　Gasparrini, A., et al. Mortality risk attributable to high and low ambient temperature: a
multicountry observational study, Lancet, vol. 386, 2015, pp. 369-375.
　濱田直浩等「人口動態統計を用いた住宅内の安全性に関する研究　その5　月平均気温・住
宅の地域性が疾病発生・入浴死に与える影響の分析」『空気調和・衛生工学会大会学術講演論
文集』2012年，P.2099-2102
　Harper, G. J., Airborne micro-organisms: survival tests with four viruses, Journal of Hygiene,
vol. 59, 1961, pp. 479-486.
　Lowen, A. C., S. Mubareka, J. Steel, and P. Palese, Influenza virus transmission is dependent
on relative humidity and temperature. PLOS Pathogens, vol. 3, 2007, pp.1470-1476.
　新治直之「季節と地域の違いが循環器疾患の死亡率に与える影響」『平成30年度岡山理科大
学生物地球部生物地球学科卒業論文』2019年

3.4——空氣汙染會帶來什麼影響？

■ 健康影響與氣候影響

　　會汙染空氣的物質有很多種（從氣體到粒狀物質），但空氣汙染的影響大致可分成兩種。第一種，是汙染物質經由呼吸進入人類等生物體內，直接影響健康。而另一種，則是空氣污染物質，尤其是粒狀物質（Particulate Matter: PM）（新聞關鍵字25，P.124）造成的氣候影響（例如散射、吸收陽光，或成為雲凝結核）（圖）。

■ 空氣汙染會影響健康，但很難找出是什麼物質造成

　　雖說叫空氣汙染，但造成汙染的原因可能是氣體也可能是粒狀物質，而且粒狀物質本身也有各種大小。實際上空氣汙染發生時，除非是意外事故等可以明確判斷是何種汙染物質被釋放到大氣的情況，否則大多數的汙染物質都是複合性地產生，混在一起排放到大

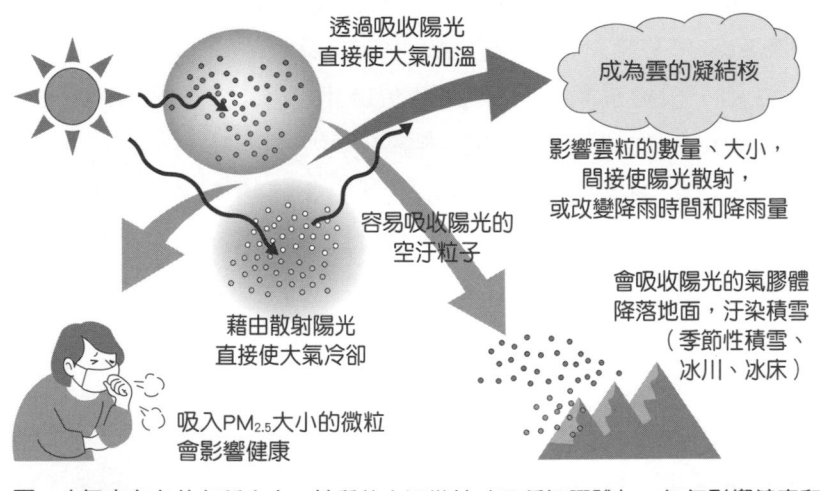

▶圖　大氣中存在的各種大小、性質的空汙微粒（又稱氣膠體），如何影響健康和氣候的示意圖（根據以下參考文獻繪製）。

氣中的。

　　而在運送的過程中，有時這些汙染物質又會混合到其他汙染物質，甚至變成更複雜的混合狀態。還有，依照降雨、降雪等不同的大氣循環狀態，汙染物質可能會擴散也可能會自然清除，在不同時空下會有很大的變化。

　　而在這各種不同的混合狀態下，世界衛生組織（World Health Organization: WHO）和日本等國家，選擇以會影響人體健康的微小空汙粒子（PM$_{2.5}$）濃度作為空氣汙染的指標，當成環境是否被汙染的判斷基準（新聞關鍵字25）。

■ 空氣汙染對健康的影響

　　根據WHO近年的報告，全球平均每10人就有9人每天會吸入高濃度的空汙微粒，每年約有700萬人因戶外環境或室內的空氣污染而死亡（https://www.who.int/news-room/detail/02-05-2018-9-out-of-10-people-worldwide-breathe-polluted-air-but-more-countries-are-taking-action）。同時，根據同一份報告，大部分的死因源於空汙微粒對肺部（肺癌或呼吸系統的疾患等）或心血管（腦中風或心臟病等）的影響。

　　譬如，根據最新研究，針對2015年中國161個城市的分析統計，共有65萬2000人死於PM$_{2.5}$相關疾病，且其中有超過一半，約52%的人死於腦中風，其次則是冠狀動脈疾病、慢性肺阻塞、肺癌、急性下呼吸道感染（Maji *et al.* 2018）。另外，在其他的病理學調查中，因空汙微粒導致的氣喘等呼吸系統疾患而入院的15歲以下兒童患者，也有增加的情形（Tacer *et al.* 2008）。

　　應該多數人都想像得到空氣汙染會影響肺部和呼吸系統，但其實空汙微粒不只是會引起肺部和呼吸道疾患，也會引起心血管疾病（Maji *et al.* 2018，Kim *et al.* 2015），這點應該有很多人不知道吧。

　　總而言之，待在空氣汙染的環境中（暴露其中），很可能危害

人體健康，所以我們必須找出空氣汙染的產生原因，並思考如何防治。

■ 空氣汙染對氣候的影響

請各位再看一眼P.107的圖。空氣中的微粒統稱為氣膠體，這些微粒依照大小和光學性質，有的會散射或吸收陽光，使大氣變冷或變熱，並影響輻射的釋放和吸收（IPCC 2007，IPCC 2013）（關於IPCC氣候報告，請參照新聞關鍵字12，P.76）。此外，氣膠體也會成為雲的凝結核，藉由生成、維持雲層，間接地影響輻射的釋放和吸收（IPCC 2007，IPCC 2013）。

不僅如此，吸收了太陽光的氣膠體如果凝結成雪降到地面，會讓雪變髒。而雪一旦變髒，對陽光的反射率（Albedo）就會下降，變得更容易吸收熱能（即太陽光），讓雪變得更容易融化（Warren and Wiscombe，Qian et al. 2015）。這種因為雪的變質使雪加速融解的正回饋效（2.2節），就叫做雪（冰）反照率回饋（新聞關鍵字17，P.86）（Qian et al. 2015）。會吸收太陽光的氣膠體若汙染了積雪，使雪的反照率下降，讓地表變得更容易吸收熱量，會讓之後的大氣和熱、水等的交互作用發生改變（引起其他回饋效應），繼而改變局域性的大氣‧水循環，然後再影響到其他地區的大範圍氣候（譬如Qian et al. 2015，Yasunari et al. 2015，Lau et al. 2018）。

這些空汙微粒，就是這樣透過大氣和雪冰等的回饋作用，影響地球的氣候。

【参考文献】　IPCC, Climate Change 2007: The physical science basis, Contribution of Working Group I to the Fourth Assessment Report of the Intergovernmental Panel on Climate Change, Cambridge University Press, 2007.

IPCC, Climate Change 2013: The physical science basis, Contribution of Working Group I to the Fifth Assessment Report of the Intergovernmental Panel on Climate Change, Cambridge University Press, 2013.

Kim, K.-H., E. Kabir, and S. Kabir, A review on the human health impact of airborne particulate matter, Environ. Int., vol. 74, 2015, pp. 136–143, doi:10.1016/j.envint.2014.10.005.

Lau, W. K. M., J. Sang, M. K. Kim, K. M. Kim, R. D. Koster, and T. J. Yasunari, Impacts of snow darkening effects by light absorbing aerosols on hydroclimate of Eurasia during boreal spring and summer, Journal of Geophysical Research: Atmosphere, vol. 123, 2018, pp. 8441–8461, doi:10.1029/2018JD028557.

Maji, K. J., A. K. Dikshit, M. Arora, and A. Deshpande, Estimating premature mortality attributable to PM2.5 exposure and benefit of air pollution control policies in China for 2020, Science of the Total Environment, vol. 612, 2018, pp. 683–693, doi:10.1016/j.scitotenv.2017.08.254.

Qian, Y., M. G. Flanner, L. R. Leung, and W. Wang, Sensitivity studies on the impacts of Tibetan Plateau snowpack pollution on the Asian hydrological cycle and monsoon climate, Atmospheric Chemistry and Physics, vol. 11, 2011, pp. 1929–1948, doi:10.5194/acp-11-1929-2011.

Qian, Y., T. J. Yasunari, S. J. Doherty, M. G. Flanner, W. K. M. Lau, J. Ming, H. Wang, M. Wang, S. G. Warren, and R. Zhang, Light-absorbing particles in snow and ice: measurement and modeling of climatic and hydrological impact, Advances in Atmospheric Sciences, vol. 32, no. 1, 2015, pp. 64–91, doi:10.1007/s00376-014-0010-0.

Tacer, L. H., O. Alagha, F. Karaca, G., Tuncel, and N. Eldes, Particulate matter (PM2.5, PM10-2.5, and PM10) and children's hospital admissions for asthma and respiratory diseases: a bidirectional case-crossover study, Journal of Toxicology and Environmental Health: Part A, vol. 71, no. 8, 2008, pp. 512–520, doi:10.1080/15287390801907459.

Warren, S. G. and W. J. Wiscombe, A model for the spectral albedo of snow. II: Snow containing atmospheric aerosols, Journal of the Atmospheric Sciences, vol. 37, 1980, pp. 2734–2745, doi:10.1175/1520-0469(1980)037<2734:AMFTSA>2.0.CO;2.

Yasunari, T. J., R. D. Koster, W. K. M. Lau, and K.-M. Kim, Impact of snow darkening via dust, black carbon, and organic carbon on boreal spring climate in the Earth system, Journal of Geophysical Research: Atmosphere, vol. 120, 2015, pp. 5485–5503, doi:10.1002/2014JD022977.

新聞關鍵字 20

海風

　　在電視等媒體上看到的海水浴新聞，乃是日本夏天的常見風景。每到夏日，大家都恨不得每天泡在水裡逃離炎熱的空氣。其實夏天的海洋，除了冰冷的海水外，還存在著大量的冰冷空氣。就算不直接跳進海裡，光是待在沙灘上，就能沐浴來自大海的冰涼空氣，品味十足的「海風」。

　　海水具有比陸地更難加溫和冷卻的特性。用物理學的名詞還說，就是海水的比熱比陸地大。日正當中時，陸地會吸收太陽的能量而節節升溫，但海水因為比熱較大，加上洋流的混合作用，所以表面溫度不太會變化。

　　陸地上的空氣變暖，高空的氣壓就會變高，使海洋上方同高度的大氣氣壓相對較低。陸地跟海洋的大氣氣壓差會產生推力，使空氣從高壓往低壓流動。高空的空氣從陸地往海洋移動，會讓沉積在地表附近的空氣往上跑，使得地表附近也產生氣壓差，最終變成海上高壓，陸地低壓的狀態。然後，空氣就會從海洋移動到陸地。因此待在陸地上的我們才會感覺「風從海洋吹來」。在氣象學上，這種現象就叫做「海風」。而到了晚上則會產生相反的效應，產生從陸地吹向海洋的「陸風」。

　　儘管會因各種條件而異，但整體來說海風的強度約在風速4～5m/s之間，是可以清楚用皮膚感受到的風。已知這股冷風會一路侵入到內陸數十km的地方，使臨海地區受到冷風的恩惠。因此就算不去泡海水浴，也能達到納涼的效果。而海風也可以透過臨海的工廠煙囪排放的煙霧被肉眼觀察到（圖1）。

　　在臨海地區，白天會吹海風，夜晚則吹陸風，風向在一天內慢

慢改變。而在風向改變到一半的早晨和黃昏時分，則會出現日文俗
稱「凪（Nagi）」的無風狀態（圖2）。特別是在瀨戶內海黃昏時的
Nagi，又被叫做「瀨戶夕凪」，十分有名（大橋，2018）。當Nagi
發生時，白天涼爽的海風就會戛然而止，讓空氣一下子蒸溽起來。
而因為沒有風吹，體感溫度也會急速上升。

▶圖1　因煙囪的排放煙而變得可見的海風。

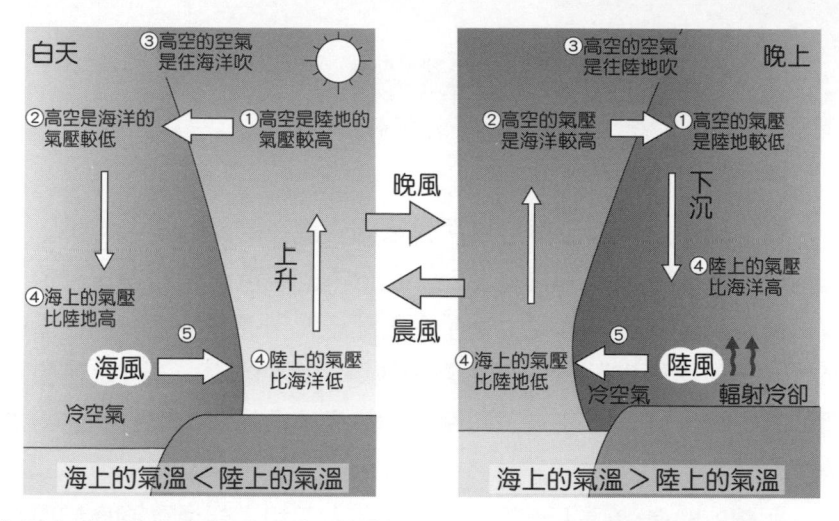

▶圖2　白天吹海風（左），晚上吹陸風（右）。而在海陸風轉換的早晨和黃昏，則會出現俗稱「凪（Nagi）」的現象。

【**參考文獻**】　大橋唯太「岡山県の気候」『日本気候百科』丸善出版，2018年，P.318-325

熱島效應

　　氣象播報員拿著溫度計到戶外播報「現在的氣溫是○℃！」，這種增強收視臨場感的播報手法，在日本的氣象新聞可說是百用不厭。每到炎炎夏日，電視上幾乎每天都能看到這個畫面。而在這個時候，各位可能會同時聽到「熱島效應」這個詞彙。圖1是熱島效應的概念圖。其實，在白天和晚上，熱島效應的發生機制有點不太一樣。

　　所謂的熱島效應，一般來說就是在人口和人類活動密集的都市區，氣溫比郊區更高的現象，跟全球暖化（第2章）一樣是人類造成的現象。

　　在白天，人類的活動（交通或建築物等），例如人工排熱、升溫速度快的水泥和混凝土的（大氣亂流造成的）熱傳導，是造成都市區氣溫上升的主因。而綠地面積較少，使來自土壤的水氣蒸發減少，也是原因之一。水的蒸發具有散熱的效果，但在乾燥的都市區較難藉由此種方式散熱。

　　另一方面，到了晚上，雖然都市的人工排熱和熱傳導減少了，然而密集的高樓大廈會吸收或重新釋放往天空輻射的紅外線，抑制輻射冷卻作用，成為熱島效應發生的主因。

　　那麼熱島效應造成的氣溫上升，每年又是如何變化的呢？以東京為例，跟100年前相比，東京氣溫上升了3℃左右；大阪、名古屋的年均溫也上升了2～2.5℃（圖2）。這個數值，跟圖中日本其他受都市化影響較少的地區，以及日本近海的海面水溫相比（1℃前後），算是非常大的。

　　由於白天的空氣對流通常在1～2km的高度較為活躍，所以都

市釋放的熱也會擴散到高層大氣。但晚上這種對流會減弱，大氣的熱對流相對穩定（愈低層的大氣溫度愈低，沉重的冷空氣在下方，而輕盈的暖空氣在上方，所以空氣比較不易發生對流），因此熱能只能擴散到數十～數百m的低層空氣。同時，由於海風等強力的對流也消失了，所以晚上更容易出現熱能集中在都市（圖案類似同心圓）的熱島效應。

　　因此若只看夜間氣溫的話，可預見圖2所示的近100年的氣溫上升幅度將會變得更大。

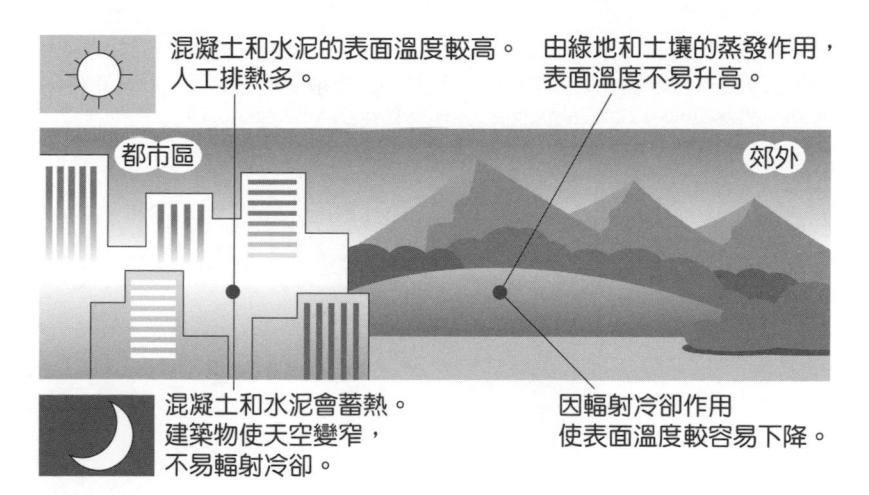

混凝土和水泥的表面溫度較高。
人工排熱多。

由綠地和土壤的蒸發作用，
表面溫度不易升高。

都市區

郊外

混凝土和水泥會蓄熱。
建築物使天空變窄，
不易輻射冷卻。

因輻射冷卻作用
使表面溫度較容易下降。

▶**圖1**　熱島效應的概念圖。白天（上）跟夜晚（下）的主要成因不同。

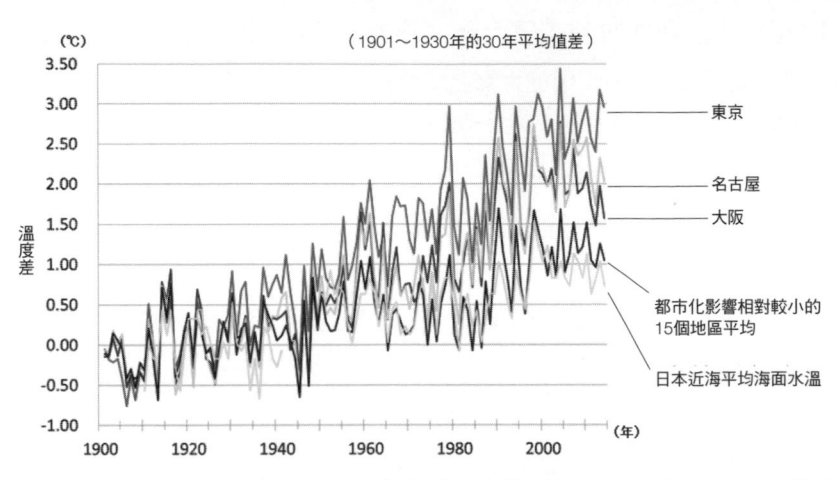

▶圖2　東京、大阪、名古屋自1901年起的氣溫升幅比較圖。因為是比較，所以連帶附上了都市化影響較少的地區，以及日本近海海面的升溫幅度。轉載自氣象廳官網（https://www.data.jam.go.jp/cpdinfo/himr_faq/03/qa.html）。

新聞關鍵字 22

熱傷害

　　熱傷害，是每到夏季就會頻繁出現的新聞關鍵字。熱傷害患者的數量每年都在上升。根據日本厚生勞動省（2018）的報告，日本全國每年約有500人，在猛暑年則有超過1000人因熱傷害而死亡。高齡人口增加也是其中一個原因，因為小孩和高齡者的體溫調節機能較弱，所以更容易發生熱傷害（井上，2004）。

　　人類是恆溫動物，即使天氣或氣候改變，也能在使體溫維持在一定範圍內。這是一個非常精密優秀的機能（圖）。藉由擴張身體面的血管，增加血流，把血液中的多餘熱量經由皮膚排到空氣中。同時，人體還會排汗，利用汗水蒸發帶走汽化熱，降低體表的溫度。這些排熱作用，都是人體天生的體溫調節反應，不須經由意識，由自律神經來控制。這就叫做「自律性體溫調節」。

　　而預防熱傷害，不能只依靠自律性體溫調節，藉由調整穿著、使用空調等行動來調節體溫也很重要。這稱為「行動性體溫調節」。

　　只要有效利用這兩種體溫調節，就能減少熱傷害的風險，但一如開頭提及，嬰兒等年紀較小的小孩和高齡者，較難進行行動性體溫調節。另一方面，日常生活的運動量較高的體育社團學生，以及從事戶外工作的成人，也必須注意預防熱傷害。

　　在熱傷害逐漸成為社會問題的日本，政府機關和地方自治團體，以及相關的學會、協會，已開始推廣俗稱WBGT（wet-bulb globe temperature）的熱傷害指標，主流媒體也開始向民眾傳播相關知識。為了方便一般民眾記憶，WBGT又被叫做炎熱指數。WBGT可藉由測量三種溫度，簡易計算出熱傷害風險。其公式如

下。

WBGT＝0.1×乾球溫度＋0.2×黑球溫度＋0.7×濕球溫度

（以上溫度皆為攝氏單位）

所謂的黑球溫度，就是用容易吸收日照和紅外線等電磁波的黑色球體為溫度計測量出來的溫度，英文是globe temperature。

WBGT算出來的值，可以比對熱傷害預防表上熱傷害等級來判斷風險。現在市面上就買得到可以隨地測量WBGT跟熱傷害危險等級的便宜攜帶式器材，各位要不要也考慮買一個來預防熱傷害呢？

關於WBGT（炎熱指數），可上日本環境省「熱傷害預防網站」（http://www.wbgt.env.go.jp/wbgt_lp.php）查閱更詳細的資訊。

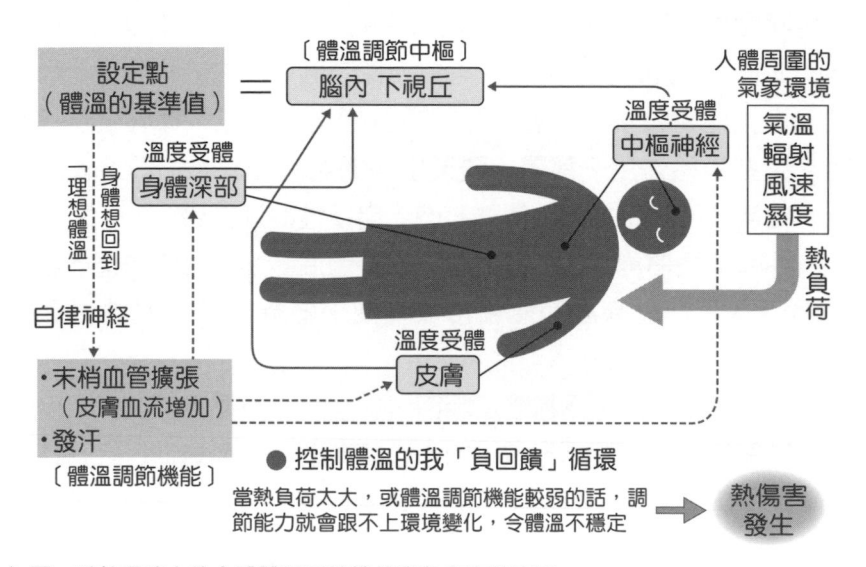

▶圖　酷熱環境中的人體體溫調節機能與熱傷害的關係。

WBGT 的數值	運動條件（日本體育協會）		日常生活條件（日本生物氣象學會）	
	危險等級	注意標準	危險等級	注意標準
31°C～	原則上禁止運動	停止運動	危險	所有生活活動都有危險
28～31°C	嚴重警戒	停止激烈運動	嚴重警戒	所有生活活動都有危險
25～28°C	警戒	積極休養	警戒	中等程度以上的生活活動有危險
21～25°C	注意	積極補充水分	注意	高強度生活活動有危險
～21°C	基本安全	適度補充水分		

▶表　運動時和日常生活時的熱傷害風險與WBGT的對應表。整理自日本體育協會和日本生物氣象學會的公開預防指南。

【參考文獻】　井上芳光「子供と高齢者の熱中症予防」『日本生気象学会雑誌』第41巻1號，2004年，P.61-66
　厚生労働省「年齢（5歳階級）別にみた熱中症による死亡数の年次推移（平成7年～29年）～人口動態統計（確定数）より」https://www.mhlw.go.jp/toukei/saikin/hw/jinkou/tokusyu/necchusho17/dl/nenrei.pdf
　日本生気象学会「日常生活における熱中症予防指針」（Ver.3確定版）
　日本体育協会（現 日本スポーツ協会）「熱中症予防のための運動指針」https://www.japan-sports.or.jp/medicine/heatstroke/tabid922.html

熱休克

　　「熱休克」，聽到這個詞，大部分人都會以為這是跟夏天有關的用語，但這其實是冬天很容易發生的現象。最近在報章雜誌上也可以看到這個詞。熱休克是一種發生在人體的現象，起因於溫度在體內變化太快，使血壓和心跳變得不穩定。是一種會導致急性腦部或心臟疾病的危險現象。

　　日本全國每年約有超過1萬人死於熱休克（堀，1999），是熱傷害死亡人數的10倍以上。而熱休克最典型的高風險環境，就是冬天的浴室。當我們從開著暖氣的溫暖房間移動到寒冷的脫衣場，然後再泡進溫暖的熱水，這一系列的行動會給身體帶來極大的溫差。有研究表示，冬天時若平常所待的生活空間與浴室的氣溫差到10℃以上，就有很高的風險會發生熱休克（高崎，2013）。

　　右圖表示的是冬天容易發生熱休克的情況。當我們在寒冷的脫衣場脫光衣服時，為了防止身體的熱量逃逸，身體表面的血管收縮起來。當我們離開浴缸走到脫衣場時也是一樣。此時血壓會一下子上升，增加中風和心肌梗塞的發病風險。相反地，當我們從寒冷的脫衣場泡進溫暖的浴缸，以及從寒冷的脫衣場走回有暖氣的房間時，血壓會急速下降，增加腦貧血昏倒摔傷的風險。

　　另外，由於廁所通常也沒有暖氣，而且人體在排泄時血壓更容易上升。所以除了浴室外，去廁所時也要小心熱休克。

　　對於急遽的溫度變化，我們自律神經通常能立刻應對，但這個機能也有反而引發急性疾病的可能。所以冬天時請積極使用暖氣設備，減少不同空間的溫差吧。

　　尤其高齡者在寒冷環境中血壓上升的情況更顯著，在冬天洗澡

時血壓更會因為急速的溫度變化而增減20mmHg之多；特別是有
循環系統疾病的患者，有研究表示更是熱休克的高危險群（Kanda
et al. 1995）。

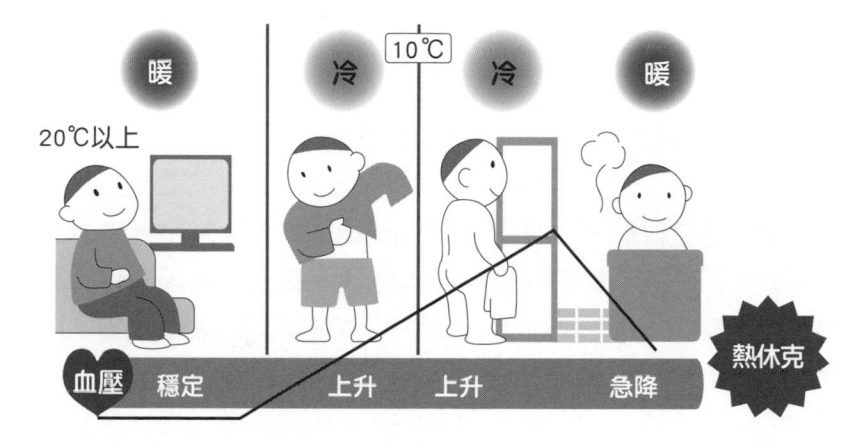

▶圖　容易在冬天發生的熱休克。即使都待在屋內，只要在溫暖空間和寒冷空間之
間移動，血壓就容易急速上升或下降。

【參考文獻】　堀進悟「入浴中の突然死」『日本温泉気候物理医学会雑誌』第63號，1999
年，P.7-8
　　Kanda, K., J. Tsuchiya, M. Seto, T. Ohnaka, and Y. Tochihara, Thermal conditions in the
bathroom in winter and summer, and physiological responses of the elderly during bathing,
Japanese Journal of Hygiene, vol. 50, 1995, pp. 595-603.
　　高崎裕治『健康に暮らすための住まいと住まい方エビデンス集（1-4）』技報堂出版，2013
年，P.22-27

肱川嵐

　　最近電視節目上經常出現「肱川嵐」這個詞。這是一種出現在日本一級河川的肱川河口，位於愛媛縣大洲市長濱的世界級珍稀氣象。這種在肱川河口出現，強風伴隨霧氣的現象，在當地被稱作肱川嵐。

　　該地區的地形十分特別，10km長的峽谷外緊接著瀨戶內海（圖1）。因為狹長的山谷地形，該地從深夜到早晨經常有朝瀨戶內海吹拂的強風。峽谷中的一段特別狹窄的地段，被認為是肱川嵐強風的生成主因，這種局部性的強風在氣象學上稱做gap wind（荒川，2006）。強的時候風速可達10～20m/s，風壓可令人幾乎無法行走。

　　此類局部性強風在日本其他地方也看得到（P.216的圖1），但肱川嵐的珍稀之處在於這裡的風跟霧融為一體。而且，肱川河面產生的蒸氣霧，以及內陸大洲盆地產生的輻射霧，兩者都會被肱川嵐的強風吹進谷地。當冷空氣通過溫暖的水面時形成的霧氣就叫蒸氣霧，而空氣被地表的輻射冷卻現象冷卻而產生霧則叫輻射霧。那副光景稱得上非看不可（圖2），因此每當肱川嵐出現的早晨，總會吸引大批觀光客和攝影師。

　　肱川嵐那有如幻想世界的風景，只能在寒冷的季節看到。從蒸氣霧和輻射霧的產生原理來看，10月下旬到12月上旬應是最好的季節。一般而言，風愈強的話體感溫度就愈低，所以在肱川嵐吹拂的地方，體感溫度可預想會比實際氣溫更低。即便如此，長濱當地的居民應該早就已經習慣了吧？在肱川嵐特別旺盛的赤橋（圖1左），每天早上都有上學的孩子們精神奕奕地通過。這就是俗話

說的「囡仔尻川三斗火（小孩子屁股三把火，形容小孩比較不怕冷）」
吧。

▶**圖1**　位於愛媛縣大洲市長濱的肱川河口的風景。河口上有兩座橋，靠上游的橋
　　俗稱「赤橋」，是肱川嵐的觀景點（左）。站在赤橋上往上游的內陸遠眺，可看
　　到V字形的峽谷地形（右）。

▶**圖2**　肱川嵐出現時的早晨景色。肱川的河面會產生蒸氣霧，而上方則有內陸產
　　生的輻射霧，兩者都會被肱川嵐的強風吹向下游（左）。尤其蒸氣霧會一路飄到
　　瀨戶內海的海上。橫渡赤橋，雖然可以欣賞河面上的蒸氣霧如溫泉蒸氣般湧出的
　　景象，但也得同時體驗吹過橋上的強風（右）。

【**參考文獻**】　荒川正一「gap windについて」『天気』第53號，2006年，P.161-166

PM$_{2.5}$

　　最近，新聞上愈來愈常聽到PM$_{2.5}$這個詞。大多數人應該都把這個詞理解為「空氣汙染的表示單位」吧。按照一般的定義，PM$_{2.5}$指的就是「直徑在2.5μm以下的大氣懸浮粒子」，但依照專業的定義，嚴格說來這個說法並不正確。PM$_{2.5}$所指的直徑，是專門用來測量粒子的空氣動力學上的粒徑（因為現實中的粒子不是球形，所以是用最終沉降速度與現實粒子相同，密度為1g cm^{-3}的假想球形粒子的直徑來當作粒徑：https://www.env.go.jp/air/report/h20-01/mat02_1.pdf）；在觀測機器上測量時，粒子的捕獲效率為50%的空氣動力直徑為2.5μm的粒子，就叫做PM$_{2.5}$（https://www.nies.go.jp/kanko/news/20/20-5/20-5-05.html）。換言之，嚴格來說，測量PM$_{2.5}$時也會測量2.5μm以上的粒子。

　　在日本，有鑑於對健康的危害，在2009年制定了PM$_{2.5}$的環境標準值，建議「日平均值應在35μgm^{-3}以下，且年平均在15μgm^{-3}以下」為佳（http://www.env.go.jp/air/osen/pm/info.html#STANDARD）。這個日本的環境標準值，比世界衛生組織（WHO）制定的標準更加寬鬆（WHO，2006）。

　　順帶一提，在日本，最貼近一般人的PM$_{2.5}$源頭就是抽菸（https://www.e-healthnet.mhlw.go.jp/information/tobacco/t-05-005.html）。根據此上列網站提到的日本禁菸學會的「二手煙基本資料2」（日本禁菸學會，2010）的資料，在室內有人吸菸的場所，PM$_{2.5}$的濃度非常高（會危害健康的等級）。另外，我想很多人都喜歡吃烤肉，但有報告指出在室內烤肉的話，PM$_{2.5}$的濃度也會飆高（井奈波，2014）。關於PM$_{2.5}$，日本氣膠體學會出版的『みんなが

知りたいPM$_{2.5}$（大家都想認識的PM$_{2.5}$）（暫譯）』（日本氣膠體學會，2014）有很詳盡的整理，有興趣的話可參考看看。

接下來，我想介紹一下PM$_{2.5}$以及組成PM$_{2.5}$的代表性（學界最多人研究的）5種微粒子（氣膠體），並介紹它們在地球不同季節時的特徵。這部分我將使用由NASA製作的結合（反映）全球模型（GEOS-5）（可計算地球上各種物理、化學變數的3次元數學模型）與衛星資料等觀測數據，俗稱MERRA-2的最新資料（Bosilovich *et al.* 2015, Randles *et al.* 2017，Buchard *et al.* 2017）自2003～2018年的平均值（氣候值）來說明。

這5種微粒子，即①沙漠等乾燥地區的礦物粒子（灰塵）、②海鹽、③因火山、海洋、森林火災產生的氣體酸化或人為直接排放的硫酸鹽（這裡視為硫酸銨）、④自然或人為之不完全燃燒環境下（柴油引擎、森林火災等）產生的黑碳（Black carbon）、⑤自然（森林火災或植物產生的有機物之酸化等）、人為（化石、生質燃料）之有機碳（Organic carbon，此處視為有機物）（Randles *et al.* 2017, Colarco *et al.* 2010）。這些氣膠體中粒徑小於2.5μm之粒子的質量濃度總和，就是PM2.5（Buchard *et al.* 2016）。

在全球範圍中，不問季節，PM$_{2.5}$濃度最高的地區就是非洲到中東一帶。這裡的PM$_{2.5}$主要源自沙漠等乾燥地帶的沙塵（PM$_{2.5}$參照圖1，而各種氣膠體在不同季節的比例參照圖2）。尤其是春天到夏天，撒哈拉沙漠的沙塵可一路吹到南美和北美，佔了PM$_{2.5}$的30%以上的組成。

在北半球的夏季，北極圈極其周圍區域的阿拉斯加、加拿大、俄羅斯（西伯利亞）發生的森林火災（新聞關鍵字26），也會使這些地區的PM$_{2.5}$濃度上升（圖1），而這些PM$_{2.5}$的組成多為有機物（圖2）。黑碳的來源也同樣是火災，但比例小於5%（圖2）。而春天時的貝加爾湖東邊區域和東南亞，夏天時的北極圈及其周邊地區（雖

然火勢比夏季小）和南美的亞馬遜流域跟非洲中部、南部，秋天時再加上印度、東南亞和北美西北部（加州等）等地，都會因為森林大火而使空氣污染增加。至於硫酸鹽主要源自人類活動，所以在北半球的比例比較高，從冬天到春天，北極圈的硫酸鹽比例會明顯增加。這與冬季時空氣汙染累積在北極圈造成的著名北極煙霞現象（Law and Stohl，2007）並不矛盾。

一如上述，相信各位也都看得出來，即使只討論學界最常提到的這5種空汙微粒，每種微粒在不同的季節的變化特徵也都各不相同。這些因素綜合在一起，有時會在不同時、空間（國家、

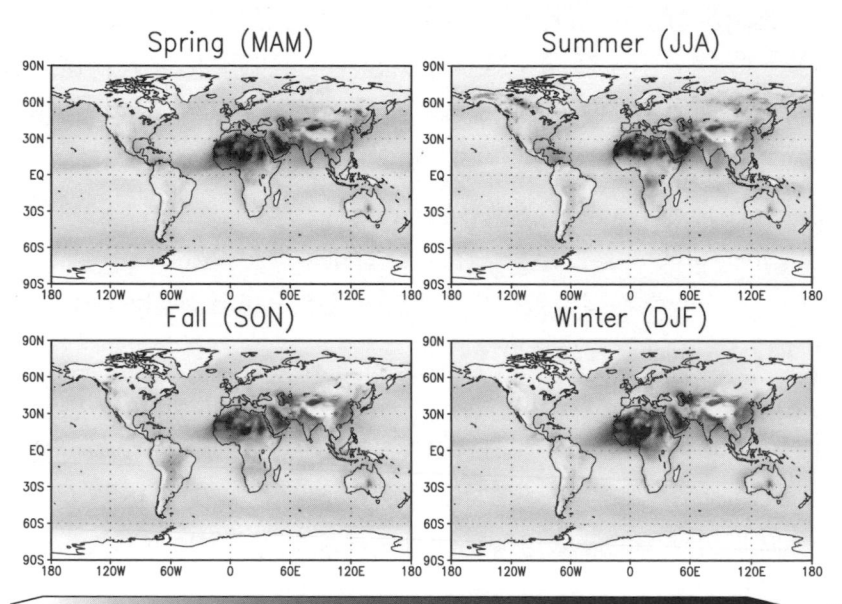

▶圖1 依據NASA的MERRA-2重分析資料（Bosilovich *et al.* 2015，Randles *et al.* 2017， Buchard *et al.* 2017）（結合衛星等觀測資料與NASA開發的全球模型得出的資料組。可利用陸地、大氣、海洋相關的各種變數）算出的各季節PM$_{2.5}$（春：3～5月，夏：6～8月，秋：9～11月，冬：12～2月）。PM$_{2.5}$是使用Buchard *et al.*（2016）的方法算出。

地區等）帶來超過環境標準值的空氣汙染，所以依照不同地區、
國家制定防止汙染值超標的對策，對維護健康的衛生環境十分重
要。NASA在網站上有公開根據NASA GEOS-5計算出來的這5種
氣膠體在全球流動的高空間解析度的數值模擬影像，請務必上去
看看（https://svs.gsfc.nasa.gov/30017; https://gmao.gsfc.nasa.gov/
research/aerosol/）。

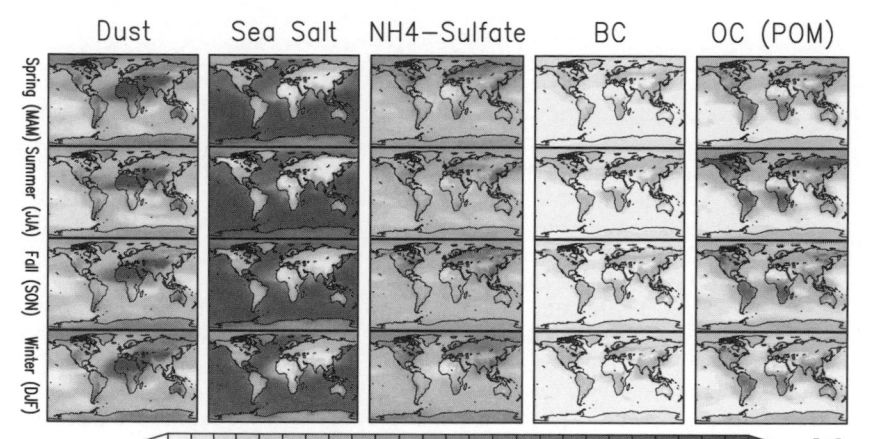

▶**圖2**　用於計算圖1的$PM_{2.5}$的5種氣膠體（$PM_{2.5}$粒徑範圍之灰塵、$PM_{2.5}$粒徑
範圍的海鹽、黑碳、有機碳（視為有機碳1.4倍的有機物粒子（Colarco *et al.*
2010））、硫酸鹽（視為硫酸銨來計Buchard *et al.* 2016））於各季節佔$PM_{2.5}$的
比例。

【参考文献】　Bosilovich, M. G., et al., MERRA-2: Initial evaluation of the climate, NASA technical memorandum, vol. 43, 2015.

Buchard, V., A. M. da Silva, C. A. Randles, P. Colarco, R. Ferrare, J. Hair, C. Hostetler, J. Tackett, and D. Winker, Evaluation of the surface PM2.5 in Version 1 of the NASA MERRA Aerosol Reanalysis over the United States, Atmospheric Environment, vol. 125, 2016, pp. 100–111, doi:10.1016/j.atmosenv.2015.11.004.

Buchard, V., et al., The MERRA-2 Aerosol Reanalysis, 1980 onward. Part II: Evaluation and case studies, Journal of Climate, vol. 30, 2017, pp. 6851–6872, doi:10.1175/JCLI-D-16-0613.1.

Colarco P., A. da Silva, M. Chin, and T. Diehl, Online simulations of global aerosol distributions in the NASA GEOS-4 model and comparisons to satellite and ground-based aerosol optical depth, Journal of Geophysical Research, vol. 115, 2010, doi:10.1029/2009JD012820.

井奈波良一「民家の食堂における焼肉によるPM$_{2.5}$の経時的変化」『日本職業・災害医学会会誌』第62巻4號，2014年，P.238-241

Law, K. S. and A. Stohl, Arctic air pollution: Origins and impacts, Science, vol. 315, no. 5818, 2007, pp. 1537–1540, doi:10.1126/science.1137695.

日本エアロゾル学会『みんなが知りたいPM2.5』成山堂書店，2014年

日本禁煙学会「敷地内完全喫煙禁止が必要な理由」『受動喫煙ファクトシート2』2010年 (http://www.nosmoke55.jp/data/1012secondhand_factsheet.pdf)

Randles, C. A., et al., The MERRA-2 Aerosol Reanalysis, 1980 onward. Part I: System description and data assimilation evaluation, Journal of Climate, vol. 30, 2017, pp. 6823–6850, doi: 10.1175/JCLI-D-16-0609.1.

World Health Organization, WHO Air quality guidelines for particulate matter, ozone, nitrogen dioxide and sulfur dioxide: global update 2005: summary of risk assessment, WHO Press, 2006. (https://apps.who.int/iris/bitstream/handle/10665/69477/WHO_SDE_PHE_OEH_06.02_eng.pdf?sequence=1).

【謝詞】　圖中的資料處理及製作，乃筆者安成與NASA的共同研究者（Dr. Kyu-Myong Kim及 Dr. Arlindo M. da Silva）的共同研究成果。另使用了NASA的NCCS（https://www.nccs.nasa.gov/）。

森林大火

　　大家聽到森林大火（wildfire）第一個想到的是什麼呢？或許大多數人聯想到的是整座山熊熊燃燒的畫面吧。不過，除了火災之外，森林大火更是空氣污染的源頭。且依照規模大小還可能變成大災難。這樣的森林大火，每年都在全球各地出現。2018年11月在美國加州發生，俗稱營溪大火的大範圍森林火災（https://en.wikipedia.org/wiki/Camp_Fire_(2018)），相信大家都還記憶猶新。而在2019年，由於北半球各地破紀錄的酷暑，西伯利亞、阿拉斯加等地也發生了大規模的森林大火，以及隨之而來的空氣汙染（火災的濃煙）（https://time.com/5641751/artic-wildfires_heatwaves-alaska-climate-change/）。這些森林火災在不同地方又有火燒山、野火的別名，總得來說包含林地和平野的火災在內，又可統稱為生物體燃燒（Biomass Burning：BB）。

　　那麼，這種生物體燃燒引起的火災，每年究竟會發生多少次，又都在哪些地方發生呢？現在因為有衛星可以從太空拍攝照片，所以只要利用衛星的觀測資料，就能解答這個問題。

　　圖1是用NASA的Aqua跟Terra衛星搭載的MODIS偵測器檢測到，以經緯度為單位統計出的2018年全年火災次數。其中當然也包含先前提及的加州大火（由圖可看出加州附近的火災次數很多）。其他像是南美、非洲中部及南部、印度西北部、東南亞、俄羅斯極東部的火災次數也較多。從這張圖來看，沙漠等乾燥地帶和北極圈等高緯度地區（含格陵蘭）的火災較少（實際上並非完全沒有火災，例如格陵蘭在2019年便發生過大火：https://earthobservatory.nasa.gov/images/145302/another-fire-in-greenland），但在其他地方幾乎全世

界都頻繁地發生火災。

　　各位會不會很訝異每年全世界居然發生這麼多森林大火呢？當然，從這個衛星資料，沒辦法判斷這些火災究竟是人為的火災，還是因雷擊等造成的自然火災。不過，這些衛星資料，配合植被的資料（植物生長的季節循環）、雷擊的發生情況、以及策略燒除等人類生活型態的資訊，再結合過去相關領域研究得到的知識，即可一定程度判斷出那究竟是不是森林大火（是人為引發還是自然引起）。

　　火災意味著該地會發出濃煙。而這些煙霧會排出大量的瓦斯和空汙粒子（$PM_{2.5}$）（圖2，參照新聞關鍵字25）。結果，就會導致火災發生區域下風處的空氣汙染。

　　例如在2014年7月，因為西伯利亞發生的大規模森林大火，高濃度的$PM_{2.5}$便從西伯利亞一路飄到日本的北海道（Yasunari et al. 2018）。那是札幌市開始測量$PM_{2.5}$以來第一次發布的空汙警告（http://www.city.sapporo.jp/kankyo/taiki_osen/chosa/documents/140912_pm_youin.pdf）。還有，2019年夏季發生的西伯利亞大規模森林火災，其濃煙造成的空氣汙染，甚至飄到了美國和加拿大（https://www.nasa.gov/image-feature/goddard/2019/siberian-smoke-heading-towards-us-and-canada）。

　　根據利用數值計算重現地球上各種物理、化學量的氣候模型的預測，隨著全球暖化加劇，未來森林大火的次數還會增加（這份研究表明未來仍有必須提高預測精度，且結果會隨地區和暖化進程而異，並認為森林大火還與可成為火災燃料的森林的可利用情形、降雨量、人為引火等有關），同時由森林大火造成的空氣汙染也將增加（Veira et al. 2016）。不僅如此，在以美國西部為對象的其他研究中，也有人主張80年代中期的森林大火增加，乃是春夏的氣溫上升和春天的融雪時間提前導致（Westerling et al. 2006）。

　　最新的IPCC第5次評估報告（IPCC，2013）顯示，自20世紀後

半，北半球的雪覆蓋面積（snow cover）有非常高的機率（very high confidence）在減少，且未來北半球高緯度地區的冰雪覆蓋隨著暖化進行而減少的可能性，也同樣非常高（very likely）。

換言之，依照以上的資料，未來隨著全球暖化，森林大火與隨之而來的空氣汙染，可能會變得更加頻繁可見。森林大火會影響當地的土地和植生環境，更會直接導致空氣汙染，很可能會衍生出各種環境問題。今後，即時掌握並精準預測森林大火及其衍生的空氣汙染狀況（包含預報），對於研擬因應火災和空氣汙染的方法將非常重要。因此，我們必須更積極地投入相關的研究和技術開發。

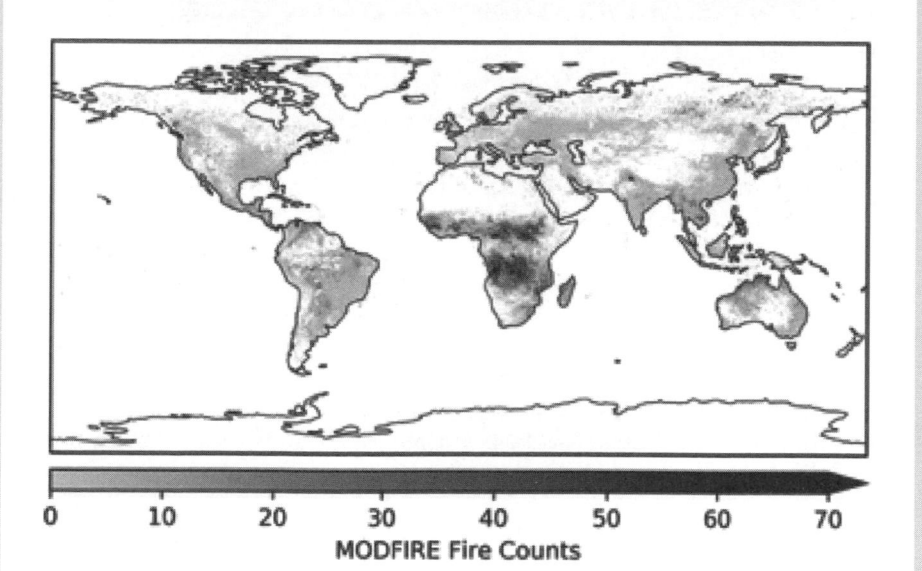

▶圖1　使用NASA衛星Terra及Aqua搭載的MODIS偵測器檢測，以經緯度0.1度的格子為單位，2018年時的火災發生情形。計算使用的是每日每格的最高次數，並未調整重複部分的資料。

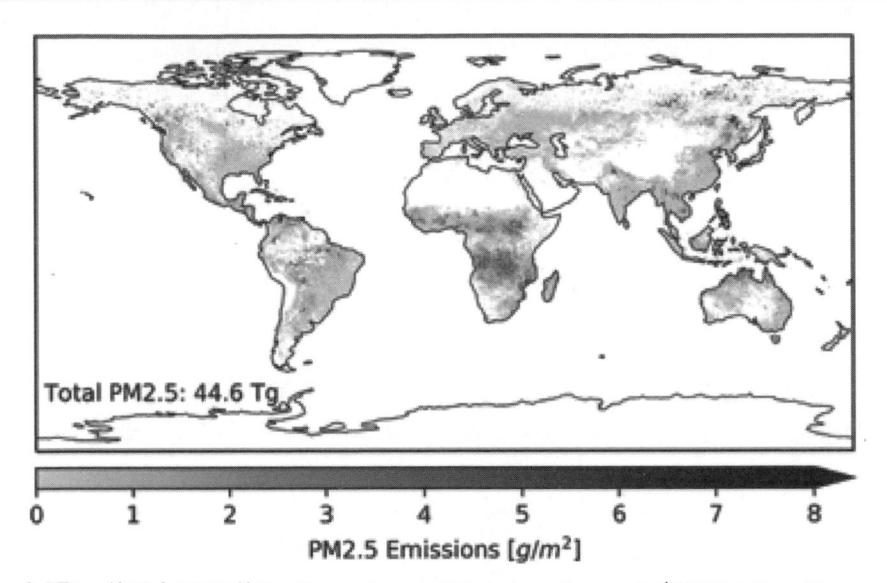

▶圖2　使用由NASA的Fire Energetics and Emissions Research（FEER: https://feer.
gsfc/nasa.gov/index.php）製作的Global Top-down Biomass Burning Emissions
Product（https://go.nasa.gov/2GzF3rd）計算出的2018年由森林大火排放的
PM2.5（經緯度0.1度的網格）。FEER的詳細資料，請參照Ichoku and Ellison
（2014）。

【謝詞】
　　圖1及圖2由Luke Ellison（Science Systems and Applications, Inc., SSAI, 及NASA；作成當
時）、Charles M. Ichoku教授（Howard University及NASA）、Kyu-Myong Kim博士（NASA）
製作及提供。

【參考文獻】　　Ichoku, C. and L. Ellison, Global top-down smoke-aerosol emissions
estimation using satellite fire radiative power measurements, Atmospheric Chemistry and
Physics, vol. 14, no. 13, 2014, pp. 6643–6667, doi:10.5194/acp-14-6643-2014.
　　Veira, A., G. Lasslop, and S. Kloster, Wildfires in a warmer climate: Emission fluxes, emission
heights, and black carbon concentrations in 2090–2099, Journal of Geophysical Research:
Atmosphere, vol. 121, 2016, pp. 3195–3223, doi:10.1002/2015JD024142.
　　Westerling, A. L., H. G. Hidalgo, D. R. Cayan, and T. W. Swetnam, Warming and earlier
spring increase Western U.S. forest wildfire activity, Science, vol. 313, 2006, pp. 940–943, doi:
10.1126/science.1128834.
　　Yasunari, T. J., K.-M. Kim, A. M. da Silva, M. Hayasaki, M. Akiyama, and N. Murao, Extreme
air pollution events in Hokkaido, Japan, traced back to early snowmelt and large-scale wildfires
over East Eurasia: Case studies, Scientific Reports, vol. 8, 2018, doi:10.1038/s41598-018-
24335-w.

生活氣象與我的研究　　　　　　　　　大橋 唯太

剛進入學界的時候，我主要研究的是海陸風和霧等局域性的氣象學，以及熱島效應等都市氣候學。那是一個觀測風和氣溫，利用電腦模擬氣象數值，一如字面意義只研究氣象學的世界。

但在一次契機下，我有緣進入獨立行政法人（現為國立研究開發法人）產業技術綜合研究所工作。我在那裡那研究的是人類活動與氣象的關係，切身地認識了天氣和氣候對人類生活有著強大影響的事實。現在回想起來雖然是很理所當然的事，但當時在那之前我研究的都是天氣現象的性質和發生機制，直到接下這份工作才認識到了自己的視野有多麼狹隘，並得以重新思考研究的真正意義。

當然，研究天氣現象本身對科學是很重要的，其成果也可能有助於天氣預測和防災。但與此同時，研究者更也應該要關注隨時暴露在氣象下的人和動植物是如何受到氣象的影響。

我現在任職的岡山理科大學生物地球學部，從事的是與生物和地球間的緊密關係有關的教育和研究；而我在這裡第一次邂逅了生物氣象學這門學科。由於學生們不只來自地球科學，還有生物學和考古學等各種領域，因此教員們的眼界也不由得開闊了起來。現在，我正與學生們一起研究天氣和氣候如何影響人的健康（壓力和疾病）、生物季節（開花時期等）、農作物生長（品質）。

本書在3.1節也介紹過，生物氣象學不只需要氣象學和氣候學的知識，有時更需要醫學、公共衛生學、健康科學的知識。可說是一門跨領域的學問，且未來隨著社會需求預期將變得更加熱門；身為一名研究者，還有許多的課題等著我們去研究的課題。

第**4**章

氣象與電腦
的世界！

4.1——氣象、氣候的研究 為什麼需要電腦?

■ 表現大氣的流動

相信大家應該都知道,海中存在著洋流,以及各種巨大的波浪。海洋是富含鹽分的水,換言之充滿了液體。

而大氣雖然不是液體而是氣體,但大氣其實也存在氣流和波動。因為有風,所以大氣會流動應該很好想像。一如圖1的照片,在高空經常可以看到那種條紋狀的雲。仔細觀察那種雲,會覺得它們的形狀很像海上的波浪,其實這種雲就是大氣波造成的。

這種具有流動性和波的性質的液體或氣體,總稱為「流體」。流體的流動性和波動性,可以用流體力學這種物理學來解釋。

流體力學可以用數學式的集合來表現。提到數學式,大家可能

▶圖1　大氣中的波表現在雲上的例子(由筆者攝於2019年8月25日的美國科羅拉多州波德市)。

會覺得好像很難，但正因為是用數學式才有辦法計算。大氣中含有水分，而水可以是氣體（水蒸氣）、液體（水）、固體（冰）。水的變化可以依照物理法則用數學式來表現。只要查出目前的氣溫、風速、濕度等資訊，再代入數學式，就能算出未來的氣溫和風速、濕度。

■ 理察森的夢與電子計算機

在日常生活中遇到簡單的計算時，我們通常會用心算或寫在紙上算。然而，遇到複雜的計算，或是計算位數較多的數值時，一般人應該都會拿出計算機。而天氣、氣候的計算也是一樣的。若是簡單的計算，我們可以用手算，但遇到大規模的運算，就會使用電子計算機——「電腦」。

故事要從1920年代，電子計算機還沒問世的時代說起。當時英國有一位名叫理察森的學者，曾嘗試用手推算6小時之後的天氣，結果花了整整一個月才完成了計算。但假如集合6萬人分工同時計算，大約6個小時就能算出結果，這麼一來就能提前預報天氣了。

▶圖2　理察森的夢。集合大量人力一起運算，實現天氣的預報。

理察森心想（圖2）。儘管他的計畫最終沒能實現，但這個構想卻成為了現代數值預報的基礎，非常重要，被稱為「理察森的夢」。

距離理察森的時代100年後的現代，已出現了各種各樣的電子計算機。近年已十分普及的智慧手機，其外殼底下也是計算機。一般人家中的PC，英文全稱直譯也是個人用電子計算機（Personal Computer）。除此之外還有連結數台PC進行大型運算的電腦叢集（computer cluster），以及性能相當於幾千台PC的超級電腦。

現在，在氣象、氣候研究中使用的數學式集合，是一種包含了各種不同物理過程的巨大模型，有時需要超級電腦才能快速算出結果。畢竟如果得花10年才能算出1年後的氣候，那就失去預測的意義了。

■ 數值模擬

過去，在還沒有電子計算機的時候，氣象學主要的研究途徑是觀測，也就是仔細觀察現象，再建立理論，也就是找出用數學式來表達這個現象的方法。然而，電子計算機問世後，另一種名為數值模擬的新研究途徑誕生了。

「Simulation」這個英文字的其中一個意思是「虛擬現實」。關於這部分我們會在第5章詳細解說，但簡單來說，所謂的數值模擬就是在電子計算機中運用數學式創造一個虛擬的現實。就好像地球儀。雖然地球儀上只有畫出陸地、海洋、國境，但大家可以想像成一個更加擬真的地球儀。科學家們會在電子計算機中創造一個包含陽光、海溫、陸地與山脈的形狀、風、氣溫、水蒸氣、雲、以及雨等所有元素的模型，將這個模型調整成現在現實的狀態，然後利用電子計算強大的計算能力讓模型快轉播放，提前看到明天的大氣狀態。這就是「數值模型」。

1960年代，大型電子計算機問世後，數值模擬不再是不可能的

夢，但卻只是一個只有極少數人才用得上的研究方法。一般的研究人員也能使用電子計算機進行數值模擬，已經是1990年左右的事了。到了2000年代，個人電腦普及後，愈來愈多研究者開始使用數值模擬方法。現在，已有非常多的研究都建立在數值模擬的基礎上。

那麼，為什麼數值模擬這麼重要呢？這是因為數值模擬有3個強大之處。首先是先前說過的「預測」能力。現代的天氣預報精準度之所以能顯著提升，其中一個原因就得歸功於數值模擬。

而第二個，則是能「重現」用觀測和理論發現的現象的能力。換言之，就是夠檢查科學家們的發現到底正不正確。藉由數值模擬，科學家們可以檢查經由理論推導出的現象是否真的存在。

然後最後一個，則是實驗現實中不可能嘗試的假說的能力。因為數值模擬是一種虛擬現實，所以可以依照科學家的喜好隨意置換參數。譬如，假設某山區下了一場大雨。科學家們推論這場大雨的成因，應該是風被山坡阻擋往上推升，形成了雨雲所導致。此時只要建立一個沒有山（也就是換成平地）的數值模型，用電腦跑跑看會有何結果，就能找出這場大雨真正的成因了。

■ 打造性能更強的電子計算機

要完全發揮數值模擬的能力，計算機的性能就必須夠強。就好像人偶和模型車，唯有把細部構造和特徵都雕得鉅細靡遺，才能做出更逼真的模型。數值模型也一樣，想要得出精準度更好的結果，就必須加入更複雜的物理運算。然而，這麼一來計算量也會增加，所以就需要性能更強的電子計算機。

氣象廳為了盡可能向民眾提供高精度的天氣預報，也在不斷研發最高性能的數值模型，運用最先進的超級電腦，日以繼夜地計算。同時，現代的氣象、氣候學者們，也結合各種觀測、理論、數

值模擬，發揮不同方法的優點，每天不停地在研究。因此，電腦與
氣象和氣候的研究，有著密不可分的關聯。

【參考文獻】 気象庁「数値予報の歴史」https://www.jma.go.jp/jma/kishou/know/
whitep/1-3-2.html

4.2——到底什麼是超級電腦？

■ 電子計算機的發展

大家手邊的計算機和電腦等機器，統稱為電子計算機（Computer）。手機也是電子計算機家族的一員。當我們用計算機計算、用電腦上網、用手機發送簡訊的時候，這些機器內部都在進行某種運算。

那麼，前一節提到的「超級電腦」究竟是什麼樣的計算機呢？用簡單粗暴的說法，就是「很厲害的計算機」，也就是性能比其他電子計算機強上好幾等的意思。至於到底強在哪裡，就讓我們從電子計算機的歷史說起吧。

1946年，世上第一台電子計算機ENIAC在美國誕生。這是一台用名為真空管的燈泡形電子零件組成，所有線路都是用電力驅動的計算機。然而，ENIAC並不算是超級電腦。因為它在當時是全世界唯一一台的電子計算機，還不存在其他的比較對象。因此，它還稱不上「性能非常高的電子計算機」。

到了1950年代，電子計算機開始上市。日本氣象廳也在1959年首次引進電子計算機。此時全球已有非常多的電子計算機存在。

然後1976年，第一台以科研應用為目的的電子計算機被開發出來，以CRAY-1這個名字上市（圖）。這台CRAY-1可以說是世上最早的超級電腦。這是因為，在CRAY-1問世的時代，世上已存在很多可以拿來比較的電子計算機，而CRAY-1的運算速度遠比普通的電子計算機快，專門設計成適合高速處理複雜運算的結構。

而以此為契機，全球開始積極投入超級電腦的開發。1980年代初葉，日本的製造商也開始販售獨立開發的超級電腦，並於1993年成功開發出當時世界上最強的超級電腦。

▶圖　CRAY-1（保存於美國大氣科學研究中心的展示物）。

▬ 超級電腦的性能

「FLOPS」是用來表現電子計算機性能的單位之一。這個詞是Floating-point Operations Per Second的縮寫，代表1秒間可進行小數加法或乘法等的次數。據說世界最早的超級電腦CRAY-1的運算性能有160 MFLOPS（M是表示單位大小的前綴詞。參照右表）。換言之，它可以在1秒內進行1億6000萬次小數計算。如此一來，理察森的夢想終於看見了實現的曙光。

話說回來，大家手邊的智慧手機也是一種電子計算機，它們的性能大概有多強呢？答案是世界最早的超級電腦CRAY-1的10倍，也就是超過1.6GFLOPS。那麼，手機可以稱為超級電腦嗎？答案是「不能」。這是因為，根據超級電腦的定義，唯有比當代普通的電子計算機快上非常多才能算是超級電腦。所以現在滿大街都是智慧手機並不算是超級電腦，而是普通的電子計算機。超級電腦的性

能門檻每年都在提升。

2019年6月的現在，個人電腦的平均性能以達到800GFLOPS。這是非常驚人的運算性能。也難怪科學家們能用普通的電腦進行數值模擬。另一方面，現在全球最快的超級電腦的性能約有143PFLOPS。而排名第500的超級電腦也有約800TFLOPS的性能。可以用1000倍於市售電腦的超高速度計算。定義超級電腦的性能門檻每年都在改變，但不論哪個時代，超級電腦的性能大約都是同時代一般電子計算機的1000倍左右。

■ 不提供個人使用

為了實現這麼強大的運算力，超級電腦通常連最細微的零件都是使用特別訂製的產品，從設計、製造、維護都需要龐大的成本。因此，以個人之力是無法開發、持有超級電腦的。這種電腦基本上都是由國家或地方政府的研究機構、大學、企業等大型組織保有，由許多人共用。

由於這樣的背景，可以說超級電腦完全是為了造福多數人而存在的也不為過。日本的一般社團法人HPCI Consortium便廣募各界

表 表示位數的前綴詞

前綴詞	符號	數字大小	指數表示法
exa	E	1,000,000,000,000,000,000	10^{18}
peta	P	1,000,000,000,000,000	10^{15}
tera	T	1,000,000,000,000	10^{12}
giga	G	1,000,000,000	10^{9}
mega	M	1,000,000	10^{6}
kilo	k	1,000	10^{3}

的研究團隊，只要願意酌情公開研究成果，便可無償使用由日本研究機構和大學的超級電腦（2019年）。但雖然性能強大，卻這些超級電腦卻不是用來讓個人遊玩有可愛角色的電子遊戲的。既然叫做超級電腦，它們的用途也應該是用來解決超級問題。

【參考文獻】　姫野龍太郎『絵でわかるスーパーコンピュータ』講談社，2012年
「TOP500スーパーコンピューターランキング」https://www.top500.org/lists/2019/06/

4.3——支撐天氣預報的數值預報

　　如同4.1節解說過的，20世紀初，人們第一次有了「把天氣當成一種物理現象，用數學方法解開物理學方程式來預報天氣」的構想。這個概念在現代被稱為「數值預報」或「數值天氣預報」。而直到20世紀中葉，電子計算機（Computer）發明後，人們才得以利用機械進行大量的數值運算，實現數值預報。

　　來到20世紀後半，隨著電腦運算力的高速成長、氣象觀測網絡的充實、交換觀測資料的通訊網路的發達，數值預報也以驚人的速度進化；而現在，天氣預報已發展成為支撐廣大社會生活各層面的基礎技術。天氣預報成為了確保人類安全生活的看不見的力量，在這層意義上，筆者認為數值預報或許就跟電力、瓦斯、自來水、公共交通、電話和網際網路一樣，同為社會基礎設施之一。

▬　「數值預報」＝「天氣物理定律的應用」

　　再重申一次，作為現代天氣預報的基石和出發點，數值預報的根骨乃是「把天氣視為物理現象，用物理定律去預測未來」的這個概念。因此，雖然有點像在繞遠路，但我們還是要簡單介紹一下與氣象學有關的物理學知識。這部分可能會稍微難一點，但卻是理解數值預報的原理和極限的重要觀點，還請大家盡量讀下去。

　　關於近代物理學究竟始於何時，學界有各種不同的看法，但一般來說應該可以把艾薩克・牛頓發現的運動定律當作近代物理學的起點。牛頓的物理學有許多劃時代之處，而其中與數值預報有關，最值得注目的地方，就是預測能力。牛頓的第二運動定律（動量守恆定律）告訴我們：

若能完全確定一個物體目前的狀態，

那麼該物體近期未來的狀態，將自動由物理定律決定。

用數學的語言來說，就是「微分方程式的初值問題」。

既然「近期的未來」由物理定律決定，只要多重複幾次，理論上不論多遠的未來都能預測。基於這一點，人類產生了（1）只要知道現在的正確狀態，就能（2）藉由計算物理定律預測未來的劃時代的想法。人類可以預測未來！這是距今約300年前，人類思想史上的一個重大事件。

牛頓運用了這些運動定律，非常正確地成功預測了行星、彗星等天體，和投擲到天空的物體（例如大砲發射的砲彈）這種相對簡單的問題。而基於數值預報的天氣預報，則是專門用於天氣的同一種預測方法，可說是牛頓的預測方法的延伸。

第一個正式把天氣視為物理現象，提議把氣象學當成應用物理學來研究的人，乃是由物理學家轉職成氣象學家的威廉・皮耶克尼斯這位挪威人。他在1904年出版的論文中發表了這個構想。皮耶克尼斯除了提及數值預報的可能性，也接受了當時還無法實現大規模運算的現實。在這個基礎上，他提倡運用物理學將氣象概念「模型」化，以概念模型為基礎進行天氣預報，並將這個理論稱為綜觀氣象學，建立了近代氣象學的基石。

譬如在第1章和6.4節（P.227）將說明的高氣壓、低氣壓、鋒面等概念，就是由皮耶克尼斯建立的。而把皮耶克尼斯的概念更往前推進一步，試圖用手算實現數值預報的，就是我們在4.1節介紹過的英國氣象學家理察森。

■ 作為物理現象的天氣

那麼，在各位的理解中，「天氣」究竟是什麼呢？雨天、晴

天、陰天等等，從地面抬頭觀察到的天空狀態，相信這應該是最普遍的理解方式；但一如在4.1節時解說的，以數值預報為首的現代氣象學，是把天氣描述成「大氣的流動」這種物理學的抽象概念。

　　世上最早用手算進行數值預報的理察森，曾大膽地試圖無視雨和雲等因素來進行計算。雖然無視雨和雲的天氣預報，似乎根本就不算天氣預報，但只要了解數值預報是如何成為一種應用物理學，就會理解他的想法了。

　　不只是數值預報，在現代氣象學中，天氣＝氣象＝大氣流動，科學家會用流體力學方程式來描述大氣的狀態。不過，也並非所有的天氣現象都能用流體力學來表示。在數值預報中，會把不能用流體力學來處理，但對天氣非常重要的因素化為模型，然後把它們對大氣這個流體的影響帶入流體力學的數學式。習慣上，我們會把流體力學可以處理的部分稱之為「力學過程」，把除此之外的部分稱為「物理過程」或參數化。

　　1950年代初期的數值預報，雖然曾無視雨和雲的因素，但隨著數值預報技術愈加成熟，能當成「物理過程」納入數值預報的現象也愈來愈多，如今已如下頁圖所示，變得非常多元。奇妙的是，儘管叫做物理過程，但其中卻也包含植物的作用（譬如根從土壤吸收水分，再從葉背的氣孔排出的蒸散作用）等，不能只用物理學來理解的現象。

　　由於科學家已經非常了解支配流體力學的定律，所以力學過程的開發焦點，主要落在如何快速且精準地解開數學式（偏微分方程式）。另外，用來執行數值預報的超級電腦結構也隨著時代在進化，變化擅長的計算模式，因此配合最新的電腦來開發計算方法也很重要。

　　至於參數化的部分，由於有很多背後的定律還不清楚，所以不確定性很高，許多部分是靠經驗在決定，從嘗試中糾錯十分重要。

而因為不確定性很高，所以數值預報整體的精度好壞很大一部分依賴參數化的性質。數值預報成功的核心雖然在於把天氣當成物理現象，但改善精度的關鍵，卻在於如何改良因為太複雜而難以用物理定律表述，很多部分必須依賴經驗法則的參數化環節。這點著實有點不可思議呢。

■ 超乎想像的計算量！

　　基於物理定律（以及一部分的經驗法則）來預測現在的大氣狀態（天氣）和未來的大氣狀態（＝天氣）的電腦程式，就叫做數值預報模型。數值預報模型是一種非常複雜的程式，其原始碼多達100萬行以上，且執行所需的運算量也相當龐大。

　　舉例而言，日本氣象實施的全球氣象5日預報所需的乘法、加法次數，實際上高達幾十peta次（10,000,000,000,000,000次的倍數），使用的記憶體總量也多達幾TB之多。但想要每天進行預報，就必

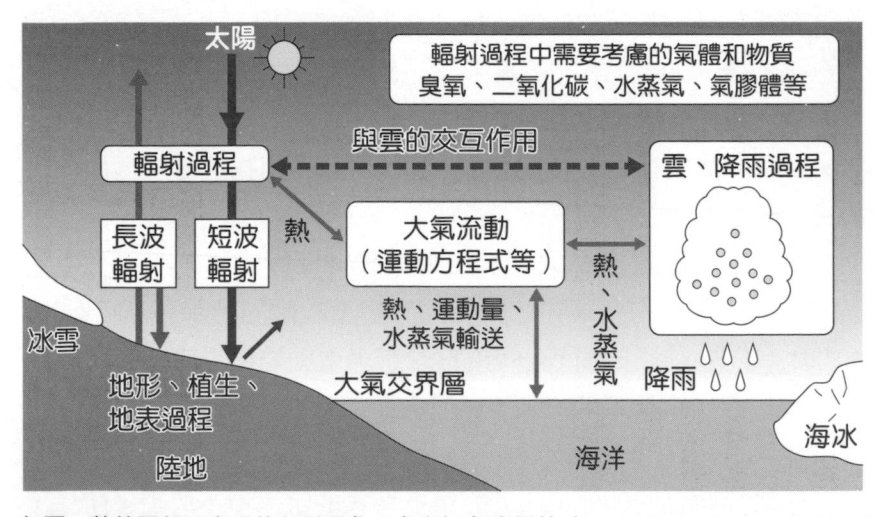

▶圖　數值預報可表現的各種現象。參考氣象廳網站（https://www.jma.go.jp/jma/kishou/know/whitep/1-3-1.html）製作。

須在20～30分鐘內計算出5日預報的結果，所以對氣象工作來說，強力的超級電腦是不可或缺的。實際上，2018年日本氣象廳引進的超級電腦，就擁有超過13萬組CPU核心，在引進當時乃是TOP500超級電腦排名第25、26位的超級電腦（為防萬一其中一台發生故障也能繼續執行業務，故購買了兩台相同性能的超級電腦）。

唯有全年無休地執行這麼龐大的計算，我們才能每天看到天氣預報。而過去這幾十年來，氣象廳每天都在進行這當代最高等級的龐大運算，預報天氣。每次盯著每6小時更新一次的最新數值預報天氣圖時，筆者都會忍不住為這驚人的事實感動。

■ 數值預報壓倒性的高精確度

我們前面介紹了要執行數值預報，必須使用超級電腦進行極為龐大的運算。那麼為什麼，我們要花費這麼大的成本，每天進行數值預報呢？這是因為，比起其他所有天氣預報方法，數值預報的精準度壓倒性地高。

直到數值預報問世並成熟之前，精通氣象學的人工預報員，必須以低氣壓、高氣壓等基於物理學的概念化綜觀氣象學知識為基礎，運用經驗和直覺，憑主觀製作天氣預報。這是大概1970年以前的事。由預報員製作的主觀預報，雖說是「主觀」，但也都是基於氣象學的科學性預報。然而，具有機械性和客觀性的數值預報方法做出來的預報，精準度在現代遠比主觀預報高得多，也不會發生兩名預報員預測分歧的情形，在一致性上相當優秀。

數值預報的精度究竟有多麼驚人，就讓我們用一個淺顯易懂的例子來看看吧。日本等中緯度國家的天氣，常常受到溫帶低氣壓左右（第1章）。而溫帶低氣壓的壽命雖然只有數天到1週，但現代的數值預報，就算在溫帶低氣壓來襲前1週就準確預測也毫不稀奇。換言之，數值預報可以預測到在預報時根本還不存在於天氣圖上低

氣壓何時形成。這麼厲害的事情，就算是經驗豐富的預報員，恐怕也沒有幾個人辦得到。

　　如今數值預報已完全取代了主觀預報，預報員不再需要觀察天氣圖，從零開始進行預報。不過，這並不是說我們再也不需要預報員了。氣象廳的預報官和民間的氣象預報員，仍身負解讀、修正預報結果，或是用淺顯易懂的方式替觀看者解說預報的重要任務，每天活躍在第一線。這部分的詳細情況我們會在第5章解說。

■ 科學方法的數值預報

　　氣象學是以大氣中發生的現象為研究對象的自然科學，不過「科學」方法的定義究竟又是什麼？關於這個問題有很多種說法，但在伽利略以後的近代科學的一大特徵，當屬相信能透過「建立假說，然後用實驗檢證」的流程來接近真實的思維了吧。然而，對氣象學而言「用實驗來檢證」並非易事。因為跟可以在實驗室內控制各種變因的物理學和化學不同，我們幾乎不可能人為改變天氣。

　　而數值預報的有趣之處，就在於可以每天製作預報，然後不停驗證預報的結果。以數值預報方法做出的天氣預報，除了氣象學家外，還會被其他許許多多的人看到，每天都要「對答案」。而預報失準的時候，就會受到大眾嚴厲的批評。然後，數值預報模型的開發者，也會特別留意預報「大落空」的事件，從中尋找進一步改良數值預報模型的線索，拚命檢證到底為什麼會失準。

　　這雖然是筆者非常個人的主觀想法，但數值預報，或許可以讓氣象學這門學問變得更有科學根據。數值預報模型是結合我們對大氣所有已知的知識（假說）而打造的，而預報的結果每天都要與實際發生的現象對照（驗證）；這麼想來，我們每天所做的數值預報，其實正是科學方法中最根基的驗證假說這個環節。

━ 關於「理解」這回事

　　雖然非常主觀，但最後想聊聊一件筆者經常感到不可思議的事情。一如前面所述，用來預測「天氣」的數值預報模型，其底下幾乎都是物理學的數學式。支撐數值預報模型的邏輯，全是物理學推導出來的東西，模型中完全沒有可直接解釋諸如溫帶低氣壓或颱風等具體天氣現象的機制原理。然而，只要遵循物理定律去計算，就能重現出真實現象一模一樣的「天氣」。一個數學模型，竟能自動算出幾乎與本尊別無二致的「天氣」。可以近乎完美的重現，是不是意味著我們人類已經幾乎完全理解了天氣背後的機制了呢？

　　答案是否定的。其實有很多現象，雖然可以透過數學運算重現，科學家們卻還不明白背後的機制。筆者已經做了非常多年的數值預報工作，但直到現在，還是對數值預報為什麼能這麼精準感到不可思議。「理解」究竟是什麼？這或許是個不只是科學，更是個涉及哲學的大哉問吧。

4.4——未來的氣象與電腦

■ 提升預測精度與超級電腦

　　未來的天氣預報，相信一定會比現在更加可靠，且能實現更詳細的預報。記得在某部電影中，曾有一個橋段是說人類能以秒為單位預測到某地雨停的時間，也許那一幕終有一天會成為現實。對於氣象、氣候的研究者，不論距離那一天還有多遠，提升預測精準度將是永遠的課題。

　　要提升基於數值模擬的天氣、氣候預測精準度，其中一個方法就是改良數值模型的「細節」。如同下頁的概念圖所示，就是把數值模型做得更鉅細靡遺，能夠描繪出更細密海岸線和山脈的形狀、更精密的風和氣溫的分布、更小的雲、更局部性的雨……。

　　「詳細」這個字有兩種含意。一是增加圖中的「像素」數量；另一個則是增加模型的物理定律，又或是換成更正確的數學式。譬如，以前的數值模型並未包含冰狀態的水，但現在的數值模型為了更正確地表現出雲層的狀態，已包含了冰狀態的水。

　　此外，更詳細的數值模型，可以擬合更多更詳細的觀測結果，在這點上也同樣可以提高預測的精準度。像近幾年便十分盛行一種名為數據同化，與擬合觀測結果的方法有關的研究。

　　問題的癥結在於計算量的增加。以圖為例，當「解析度（單一坐標軸的方格數）」變成3倍，那麼整張圖的像素數量就會變成9倍。換言之，當運算速度不變時，計算像素多「高解析度」圖像，所花的時間會是像素少的「低解析度」圖像的9倍。譬如用低解析度圖像預報6小時後的天氣，需要花1小時來計算的話，那麼高解析度圖像就要花9小時計算。等待9小時來運算6小時後的天氣，這樣根本就不算預報了。所以為了維持原本的預報效率，就需要運算性能9

倍的計算機。這就是天氣預報為什麼需要超級電腦的原因之一。

　　為了滿足這項需求，科學家們也在不斷研究和開發新的超級電腦。為了持續提升預報精度，日本氣象廳每隔幾年就會升級一次超級電腦。

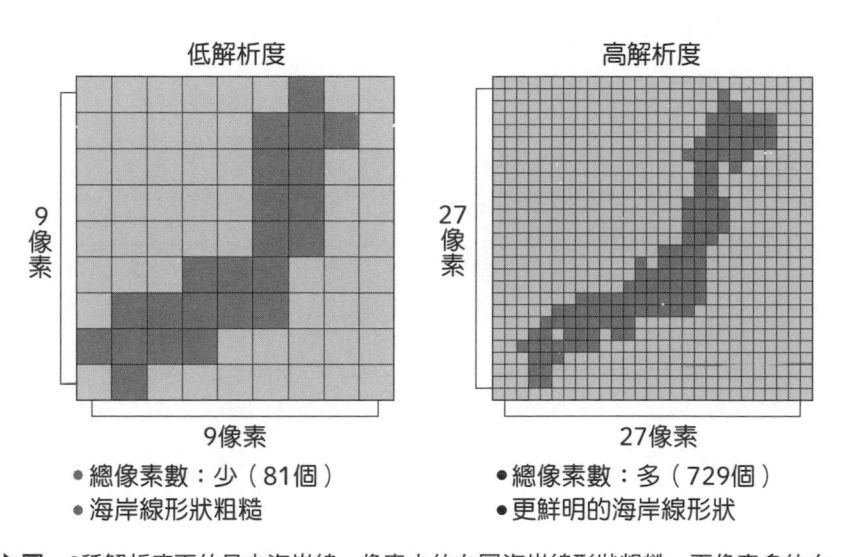

低解析度 　 高解析度

9像素

27像素

9像素 　 27像素

● 總像素數：少（81個）　● 總像素數：多（729個）
● 海岸線形狀粗糙　　　　● 更鮮明的海岸線形狀

▶圖　2種解析度下的日本海岸線。像素少的左圖海岸線形狀粗糙，而像素多的右圖則能表現出更詳細的海岸線形狀。不過，像素點愈多，計算量也愈大。

■ 天氣預報的播報方法

　　除此之外，未來的天氣預報，在播報方法上也將有所不同。為了讓最多人接收到天氣預報，以前唯一的辦法就是透過收音機或電視。但收音機和電視的資訊傳輸都是單向的，無法單獨契合每個收視者的需求。所以，這種方式存在著相對冷漠，只能用來傳輸對每個人都有用的資訊的問題。

　　而現代則能利用網際網路進行雙向的資訊傳輸，相當程度上解決了上述的問題。使用者可以依照自己的需求，篩選對自己有用的資訊，並進一步取得更詳細的情報。譬如下大雨的時候，不再需要

像以前用某某縣市南部或北部這種粗糙的方式分類，可以改用鄰和里為單位，讓使用者查詢自己居住區的資訊。而且，除了能依照需求看到當前雨量外，還可以調閱過去雨量和累積雨量。

　　不過在目前，使用者仍必須自己動手查詢，才能接觸到這些資訊。所以想取得想要的情報，還必須先具備一定程度的相關知識和經驗。但未來的天氣預報，或許可以靠電腦來彌補此類知識或經驗的不足。也就是現在正人氣的「人工智慧」技術。

　　未來，人工智慧將對整座都市的交通網路和設備瞭若指掌。最新的詳細天氣預報當然也會隨時更新。然後，它們還能記錄、分析你過去的行動模式，事先知道你需要什麼。所以，當我們從學校或公司回家時，人工智慧可能會提醒你等等將會下雨，建議你搭車前先到附近的書店買好每週三出版的週刊。因為它已經知道你離開書店時將會下雨了。然後別忘記了，人工智慧也是電子計算機性能進步後才實現的技術。

新聞關鍵字 27

CPU、記憶體、最快的意義

　　大家在買電腦或手機的時候，應該常常聽到「快」這個廣告詞吧。另外或許也會看到「CPU（中央處理器）」和「記憶體」等詞彙。CPU和記憶體，是直接與電子計算機的性能相關的重要零件。那麼這些零件，在電子計算機內扮演著什麼樣的角色呢？

　　請大家回想一下小學時的算數習題（圖）。習題上通常會印滿一列各種加法和乘法問題，後面附一個填寫答案的方框。但是，卻沒有其他空欄或留白處。這種時候，如果遇到不能心算的大數計算，大家都會怎麼辦呢？首先，我們會拿一張筆記紙當成計算紙，把要計算的內容寫在上面。然後，利用筆算算出答案後，再把最後的結果填到習題上。

　　其實電子計算機做的也是一樣的事。首先，電子計算機會從要計算的內容中，把下一步要算的東西存到記憶體，再用CPU計

大腦（CPU）

計算紙
（記憶體）

習題（程式）

▶圖　CPU、記憶體與程式的關係。

算，最後把結果顯示在螢幕上。因此，CPU很快，就是指計算的處理速度很快，加減乘除算得很快的意思。而記憶體很快，則是指讀寫的速度很快，也就是謄寫題目的速度很快的意思。不論謄寫的速度有多快，如果算題的速度很慢，那麼整體的速度就不會快；相反地，不論算題的速度再快，如果謄寫的速度很慢，那就會浪費時間在等待讀取上，整體速度一樣不會快。

重要的是CPU和記憶體的平衡。要發揮出最好的性能，就必須像田徑選手一樣，思考如何組合搭配零件、加以調整，不讓任何零件有閒閒沒事做的時候。

新聞關鍵字 28
TOP500超級電腦排名

　　現在的時代，不只是氣象、氣候領域，各種學術、產業界，在研究開發時都不能沒有超級電腦的存在。下面我們把超級電腦簡稱為超電好了。超電的性能愈高，能處理的計算複雜度、計算量就愈高。擁有高性能超電的組織、企業、國家，更有能力研究和開發新技術。所以，一個國家的科學技術有多進步，可以從該國家擁有的超電性能看出一二。

　　而認識超電性能的其中一個指標，就是俗稱「TOP500」的超電排行榜。這個排名始於1993年，列出了當前全球性能最前的前500名超電。這個排名每年更新兩次，分別在6月和11月更新。從這個更新頻率，可以看出目前超電的開發速度。

　　本節列出在2019年6月的時間點，全球排名前10的超電。所謂的理論性能，指的是CPU和記憶體都滿載的理想情況下可發揮出的性能。而實際性能，則是執行特定運算程式時測出的有效性能。實際性能會隨執行的程式而異。而效率則是實際性能相對於理論性能的比例。

　　首先，從表中可以看出美國有最多超電上榜。其次是中國，而且分別排名第3、第4。中國的這兩台超電，是以前曾經排名第1的強大超電。其他像瑞士、德國也榜上有名，日本也有一台上榜。

　　榜上第1名的超電實際性能是第10名的8倍以上，可看出即使同樣是前10名，性能差異也很大。一般而言，CPU數量少、效率高的超電用起來會更容易，所以比較CPU數量和效率也很有意思。

表 TOP500超級電腦排名（2019年6月）。CPU的數量是以「運算核心數」計算。

名次	國家	超級電腦的名字	CPU數 （萬個）	實際性能 （PFLOPS）	理論性能 （PFLOPS）	效率 （%）
1	美國	Summit	240	143.5	200.8	71.5
2	美國	Sierra	157	94.6	125.7	75.3
3	中國	Sunway TaihuLight	1,065	93.0	125.4	74.2
4	中國	Tianhe-2A	498	61.4	100.7	61.0
5	美國	Frontera	45	23.5	38.7	60.7
6	瑞士	Piz Daint	39	21.2	27.2	78.2
7	美國	Trinity	98	20.2	41.5	48.6
8	日本	AI Bridging Cloud Infrastructure	39	19.9	32.6	61.0
9	德國	SuperMUC	31	19.5	26.9	72.5
10	美國	Lassen	29	18.2	23.0	79.1

【參考文獻】 「TOP500スーパーコンピューターランキング」https://www.top500.org/lists/2019/06/

新聞關鍵字 29
日本的超級電腦

　　1980年代，全球開始製造超級電腦，而日本也開始自己的超級電腦開發計算。過去日本曾在1993年靠「數值風洞」、1996年6月的「SR2201」、1996年11月的「CP-PACS」、2002年6月到2004年6月的「地球模擬器」、以及2011年的「京（圖）」拿到TOP500排名（新聞關鍵字28）的全球性能榜首。這些超級電腦都是由日本設計、開發、製造的國產超級電腦。

　　超級電腦由非常多的零件組成，要建造、使用、維護一台超級電腦系統，需要各種不同領域的技術。因此，超級電腦也可說是一個國家的國力指標之一。看看這個成績，從超級電腦問世以來，日本在超級電腦開發上可說一直維持著能與世界爭雄的實力。

　　然而，反觀大家身邊的個人電腦和智慧手機，幾乎都是外國的品牌。而且這些生產家用電腦和手機的強國，也同樣在TOP500上排進高位，佔據了很大的份額。

　　日本的超級電腦開發或許正站在一個分歧點上。想維持頂級的開發實力，獨立而自由的開發環境，以及將這份知識和技術持續傳承、打磨下去乃是關鍵。然而，現在日本卻面臨部分超級電腦的零件愈來愈難在本國生產的困境。為了將過去累積下來的寶貴知識和技術盡可能傳承、培育下去，日本正展開名為「後京計畫」的次世代超級電腦開發計畫。

©Ryuji Yoshida

▶圖　超級電腦「京」。每秒可進行1京次的計算。於2011年6月和2011年11月獲得了排名的首位。

【參考文獻】　「歷代最速スパコン」https://www.top500.org/resource/top-systems/

新聞關鍵字 30

超高解析度數值模擬

　　在電子計算機內建構的數值模型，是由各種數學式組成的。為了在電子計算機上使用，有些數學式會稍作變更；而這個過程中，地球會被切割成網狀（如P.153的示意圖），並把氣溫和風等資訊塞進每個格子內。

　　譬如，各位可以想像成用方形的樂高積木拼一個地球。比起用100塊積木來拼，用500塊來拼一定可以拼得出細節更好、形狀更圓滑的地球對吧。而如果用1萬塊積木的話，或許就能拼出如本尊般美麗的地球了。

　　而數值模型也是類似的概念。覆蓋虛擬地球的網格愈細密，就能產生愈精細的模型。那麼把數值模型的解析度調高後，對於計算結果會有什麼改變呢？科學家們曾實際利用超級電腦強大的性能實驗了一下。

　　2007年，科學家使用了一台名為地球模擬器的超級電腦，以當時全球首創的高解析度，以3km單位為單位的網格覆蓋了全地球，進行了高解析度現實大氣模擬（Miu *et al.* 2007）。高解析度化後，科學家得以用比過去更接近現實的方法呈現出雲層，首次發現了馬登－朱利安振盪現象。

　　接著在5年後的2013年，科學家又用超級電腦「京」進行了全球範圍0.9km間隔的超高解析度數值模擬（圖，Miyamoto *et al.* 2013）。0.9km，就是可以用步行和腳踏車輕鬆走完的長度；人類終於進入了能用這麼小的格子覆蓋整個地球，製作數值模型的時代。因為這次的研究，科學家發現了若網格大小小於2km，模型對積雲等雨雲的表現性會大幅提升。

就像這樣，多虧了眾多科學家的研究，我們才能知道數值模型的高解析化對於預測能力的提升有多大幫助，並累積該領域的最尖端技術、知識、以及經驗。

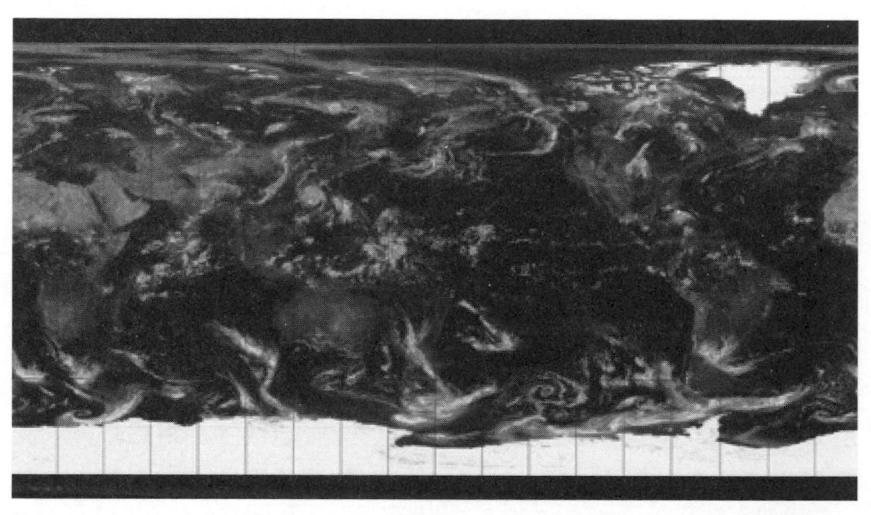

▶圖　以NICAM（非流體靜力學二十面體模型）算出的全球0.9km網格的現實大氣模擬結果。2012年8月25日全球標準時間17時的狀態。重現了日本附近的颱風。

【參考文獻】　Miyamoto, Y. and Y. Kajikawa, R. Yoshida, T. Yamaura, H. Yashiro and H. Tomita, Deep moist atmospheric convection in a sub-kilometer global simulation, Geophysical Research Letters, vol. 40, 2013, pp. 4922–4926, doi:10.1002/grl.50944.
　　Miura, H., M. Satoh, T. Nasuno, A. T. Noda, and K. Oouchi, A Madden-Julian Oscillation event realistically simulated by a global cloud-resolving model, Science, vol. 318, 2007, pp. 1763–1765.

新聞關鍵字 31
大數據分析與人工智慧

　　近年，除了數值模擬外，出現了另一種超級電腦的新運用方法。那就是利用超級電腦的算力分析數據。過去在氣象、氣候領域，數據分析算是運算量相對較少的工作，通常只會用手頭的個人電腦或稍微大一點的電子計算機來做。然而，近年科學家們開始利用超級電腦處理資料量比過去多數萬倍的資料，也就是俗稱的大數據，並執行俗稱機器學習的高運算量分析。

　　過去，科學家一直是由人腦根據物理學去猜想事物之間的關係，並由人腦選擇適合將之抽象化的分析方法，再交給計算機實際執行，來驗證猜想的物理學數式是否正確。然而，次世代的新分析方法，則是利用超級電腦的記憶容量一次處理大量的數據，並利用超級電腦的強大算力找出隱藏在數據中的複雜關係。因為這簡直就像是由電子計算機自己找出答案，所以又叫做人工智慧（Artificial Intelligence，AI）。由於這種方法可以處理人力無法處理的巨量資料，且潛藏著可找出人類看不見的複雜關係的可能性，所以正逐漸被應用在社會的各個領域。

　　近年，就連氣象、氣候領域的數值分析，也出現了大數據分析的應用案例（新聞關鍵字36，P.202）。譬如用機器學習處理數值模型中與流體力學有關的部分，然後預測未來流動的方法（Scher，2018）；以及讓AI學習觀測和數值模擬的結果，製作模型中用以表現雲層的部分的方法（O'Gorman *et al.* 2018）。儘管尚在實驗階段，但這種新方法，或許可以帶來過去沒有的發現或改進。

▶圖　不遠的將來，也許人類就能在重要時刻結合高精度天氣預報跟各種資訊，由AI為使用者即時提供最好的行動方案。

【參考文獻】　O'Gorman, P. A. and Dwyer, J. G., Using machine learning to parameterize moist convection: Potential for modeling of climate, climate change, and extreme events, Journal of Advances in Modeling Earth Systems, vol. 10, 2018, pp. 2548–2563. doi: 10.1029/2018MS001351.

Raspa S., M. S. Pritchard, and P. Gentine, Deep learning to represent subgrid processes in climate models, Proceedings of the National Academy of Sciences, vol. 115, 2018, pp. 9684–9689, doi: 10.1073/pnas.1810286115.

Scher, S., Toward data-driven weather and climate forecasting: Approximating a simple general circulation model with deep learning, Geophysical Research Letters, vol. 45, 2018, pp. 616–622, doi: 10.1029/2018GL080704.

預測颱風發生的必要性   吉田 龍二

　　平成25年，颱風30號（海燕）於2013年11月4日在特魯克環礁近海形成這個颱風最強時的最大瞬間風速達到90m/s，並於同月8日到9日登陸、穿越了菲律賓中部，暴風和漲潮造成了極大的損害。其強度之大，甚至吹壞了菲律賓氣象局剛引進不久的氣象雷達天線。

　　颱風通常生成於西太平洋的熱帶海域（菲律賓東邊海域附近）。菲律賓等靠近颱風生成區的國家，面對颱風時的防災、減災的困難點，在於「前置時間」太短。

　　所謂的前置時間，就是從預測到實際發生的時間間隔。像日本這種離颱風生成區較遠的地方，有充足的前置時間可以在颱風生成後預測它的行徑路線和強度。然而，在鄰近颱風生成區的地方前置時間很短，常常颱風生成幾天後，更短的甚至隔天就會登陸。

　　在這樣的地區，想要減少颱風的損害，預測颱風何時發生非常重要。若能預測颱風的生成，並據此提前預測行徑路線和強度，就能爭取到更多的前置時間。然而，目前颱風生成的預測技術，精準度遠比行徑路線預測跟強度預測要低。因為颱風的產生受到很多大氣現象的影響，而且通常幾天之內就會形成，所以必須正確地掌握各種大氣現象的關係性，並精準地找出產生的地點和時間才行。

　　我在平成25年聽到颱風30號的新聞時，重新深刻地感受到了預測颱風生成的必要性，並相信推動颱風發生的相關基礎研究，有助於提高預測精度，展開了研究。

　　預測颱風發生的必要性，或許不只限於熱帶地區。一如2016年的颱風13號和2018年的颱風18號，颱風也會在沖繩附近生成。若颱風在日本附近生成，前置時間就會縮短，變得比以往更難採取應對措施。未來，日本或許有必要對颱風生成的預測投入更多精力。

第 **5** 章

天氣預報的幕後！

5.1——從氣象觀測到數值預報

　　我們每天在新聞上聽到的天氣預報，到底是怎麼做出來的呢？本章的主題，就是解說天氣預報的預報過程。首先本節將介紹氣象預報的整體流程，然後再從下一節開始詳細解說每一環節的構成要素。下圖是天氣預報的整體流程。請各位一邊參考下圖，一邊閱讀下面的解說。

■ 從觀測出發

　　一如4.3節所述，現在的天氣預報，是以數值預報為基礎製作的。數值預報，是一種用物理學定律預測大氣流動的方法。而物理學定律，則是根據「一旦確定了目前的大氣狀態，則短期未來的大氣狀態也將自動確定」的原理來預測的。換言之，要預測未來的天氣，首先必須盡可能正確地掌握目前的大氣狀態。因此天氣預報的第一步，就是觀測現在的大氣狀態。

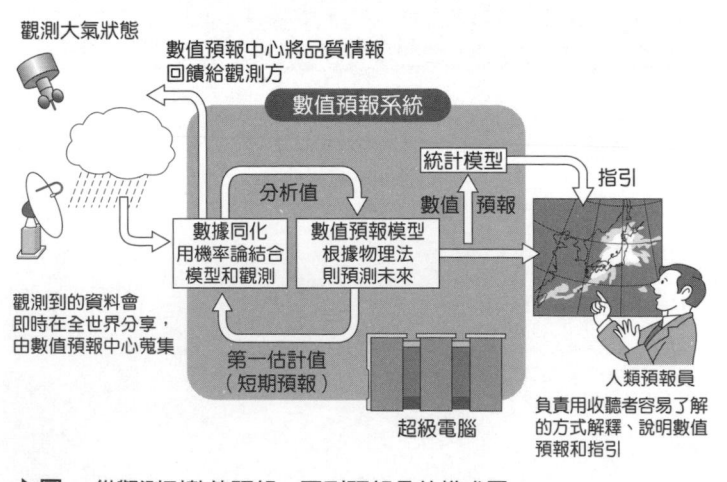

▶圖　從觀測到數值預報，再到預報員的模式圖。

事實上，氣象廳每天都會用各種觀測儀器，不分日夜地觀測日本的大氣狀態。然而，大氣不只會以很快的速度在全世界循環，還會放出比大氣本身的流動速度更快的波（如羅斯貝波等。羅斯貝波是種因地形和海陸溫差而產生的大氣波）。譬如，在中緯度地區，一旦上游（西側）的溫帶低氣壓變強，就會經由羅斯貝波的能量傳遞，以幾倍於風速的速度影響到下游（東側），催生新的低氣壓（下游發展）。這種能量在大氣中高速傳遞的現象，會大幅左右每天的大氣，所以要預報日本的天氣，就必須觀測全球的大氣狀態。

氣象觀測是由全世界的氣象組織分工合作，依循共同的規則來執行，並經由氣象組織的溝通網路，即時在全球交換觀測資料。

另外，就像在電視上常看到的「衛星圖」，氣象預報會用到很多從太空監視大氣狀態的人工衛星，獲取數值預報和實時監測不可或缺的寶貴資訊。

▬ 數據同化與分析預報循環

各國在全球觀測到的氣象資料，會即時在世界各地分享交換，由氣象廳等數值預報中心蒐集起來。但就算蒐集了來自全球的龐大數據，卻還是沒有辦法毫無遺漏地觀測到全地球的大氣。然而要進數值預報就必須推測出大氣整體的狀態，所以沒有觀測到的部分，也得想辦法推敲出來。

各位可能會以為，想要知道某時間點的大氣狀態，唯一的辦法就是使用該時間點觀測到的資料；但其實我們還可以利用過去觀測到資料來推論。譬如，由於空氣是由西往東流動，故根據昨天在中國高空觀測到的資料，就能分析出今天日本上空大氣的很多訊息。

那麼究竟要怎麼做，才能從零散而沒有規律的觀測資料中，利用過去的觀測數據，推測出大氣整體的狀態呢？這裡必須用到一個很有趣的概念。利用稍早之前的數值預報模型，來推測某特定時間

的大氣狀態，預報結果可能不如直接觀測來得準確，卻能得到對大氣整體狀態的預測（＝「估計」）。因此，只要比較用稍早之前的數值預報得出的預估值（＝「第一估計值」）和觀測值，就能藉由將第一估計值修正到符合觀測值的方式，來得到目前大氣狀態的估計值。

用觀測值修正短期預測得到的第一估計值的操作稱為「分析」或「數據同化」；而經過分析，用觀測值更新過的估計值，則稱為「分析值」。

接著，把分析值當成初始值，丟進數值預報模型計算，再以得出的預測值為下一時刻的「分析」的第一估計值；按照這個方式，反覆進行分析和預報，即可持續算出結合觀測資料和物理定律（基於物理定律的數值預報模型）的大氣狀態預報值。這種分析和預報交替進行的過程，就叫做「分析－預報循環」。

至於第一估計值又是怎麼得出的？只要依照時間往上回溯，加入根據以前的觀測資料數據同化（分析）得出的模型即可。因此，使用分析－預報循環，不只能用最近的觀測資料，還可以運用過去得到的觀測資料，估算出大氣的狀態。

「分析」這個詞，原本泛指以邏輯解構各種事物；但在氣象學中，「分析」通常特指上述的這個過程。這個用法源於在電腦問世前，根據觀測資料製作目前天氣圖的「天氣圖分析」作業，這個作業以前常簡稱為「分析」。而數據同化之所以也叫「分析」，就是因為這個以前留下來的習慣。而在數據同化方法誕生前，天氣圖分析很依賴預報員的綜合判斷，無論如何都會被個人的主觀因素影響。相較之下，由於數據同化是用機械性的流程自動算出結果，所以為了強調其客觀性，也有人將這種方法稱為「客觀分析」。

■ 數值預報模型的執行和統計後處理（指引）

　　以數據同化得到的當前大氣估計值為初值，接下來就能利用數值預報模型進行各種預測。關於數值預報的部分，在4.3節（P.145）已詳細介紹過。

　　一如4.3節的解說，數值預報是用流體力學來處理大氣的運動，所以有些對天氣預報的接收者而言很重要的現象，數值預報模型並不能直接處理。譬如會不會打雷、飛機會不會遇到亂流，這些都不是數值預報模型直接預測的對象。

　　同時，如同4.4.節（P.152）所述，在數值預報模型中，是把現實中連續不可分割的大氣分割成無數離散的小格子來呈現，所以也沒辦法表現（顯示）規模小於網格大小的現象。

　　因此，為了預測這些數值預報不能直接呈現，又或者顯示不出來的現象，科學家需要運用一種名為「指引（Guidance）」的統計學預測方法。首先，把數值預報的結果，與要預測之現象的觀測資料間的關係，根據過去的資料事先讓模型以統計的方法學習。接著，在把數值預報模型的結果輸入學習完畢的統計模型，就能預測出數值預報無法呈現的現象了。

　　這種應用統計學的學習方法就叫做「機器學習」，近年流行的人工智慧（AI）也有用到這種方法（5.4節，P.183）。而在天氣預報領域中，則稱為數值預報的後置處理，很早之前便作為一種輔助手段在使用AI的力量了。

■ 由預報員進行解釋、修正、解說

　　數值預報和指引用到了很多物理學、氣象學、統計學的技術，所以要解釋計算出來的結果，並不是一件容易的事。同時，數值預報模型的精準度雖然每年都在提升，但有時也會出現諸如「南岸低氣壓的預估東進速度容易比現實更慢」這種有特定偏差模式的「系

統誤差」。此外，數值預報產出的資料量非常巨大，而且每數小時就會更新一次，要解讀這些資料到底預測了什麼，本身就是一件非常困難的作業。

因此，我們需要熟悉數值預報和預報指引的特性，又或是非常了解如何使用天氣預報的預報官，將接下來預估會發生的天氣現象，不是以一堆數據，而是以簡潔的語言傳達給接收者。除此之外，民間的氣象預報員和氣象主播，也會參考數值預報結果或預報官的評論，將之翻譯、加工成對一般民眾的生活有用或容易吸收的情報，透過電視、廣播、網路等媒介發布給普羅大眾。

5.2——一瞬間飛越全球的觀測資料

■ 由多種測量儀器組成的觀測網

在日本，以氣象廳為首的各個機構，每天都會運用各式各樣的觀測器材（測量儀器），即時追蹤天氣的變化（圖）。氣象觀測的種類有非常多種，但可大致分為直接觀測（現地觀測）跟遙測（remote-sensing）兩種。

直接觀測一如文字，就是直接接觸要觀測的空氣，測量氣溫、氣壓、濕度、風等氣象要素，譬如AMeDAS、日本氣象官署的地面氣象觀測、無線電探空儀（新聞關鍵字32，P.190）的高空氣象觀測、民航機或船舶回報的氣象觀測等皆屬之。

直接觀測雖然可以直接測量氣溫、氣壓、溫度、風等數值預報模型預測對象的物理量，但因為必須把測量器具拿到想測量的場所，故無法密切觀測全球的各個角落。

另一方面，遙測則是利用電磁波跟大氣的交互作用，藉由觀測電磁波來取得跟大氣狀態有關的情報，例如氣象衛星和氣象雷達的觀測就屬於此類。由於遙測的器材可以從很遠的地方觀測大氣，因此可以密切地追蹤不同時空間的動態；但因為不是直接測量氣溫、氣壓、濕度、風等物理量，所以在利用下一節即將講解的數據同化時需要下一些特別的工夫。

■ 可即時交換觀測資料的國際通信網

除了日本之外，世界各國也都在觀測著氣象。一如前一節提到的，大氣是以高速繞著地球循環，且因為還有傳遞速度非常快的波動存在，所以一旦歐洲的大氣狀態發生變化，其影響只需幾天的時間就會傳到日本。換言之，要進行數天以上的天氣預報，就得掌握

整個地球的大氣狀態，因此需要全球的觀測資料。

所以，聯合國旗下的世界氣象組織（WMO）建立了可即時交換世界各國氣象機構的觀測資料的網路（全球通信系統，Global Telecommunication System，簡稱GTS），使所有觀測到的氣象資料，可以瞬間在各地交換。

在任何人都可以輕鬆透過網路在全世界交換資訊的現在，這種系統的存在或許並不讓人吃驚。然而，考慮到GTS最早建構於1960年代，就非常讓人驚嘆了。在那個時代，還沒有可環繞全世界的海底電纜通訊網，因此必須在東南亞、南美、北美等各大地區設立通訊中心，再由中心經由中繼站利用無線電傳送資料。

而且，因為當時冷戰還沒結束，國際政治的情勢處於緊張狀態。在這種社會情勢下，要建立遍布全球的氣象觀測資料交換系統，無論從技術層面或政治層面來看都十分讓人驚嘆。

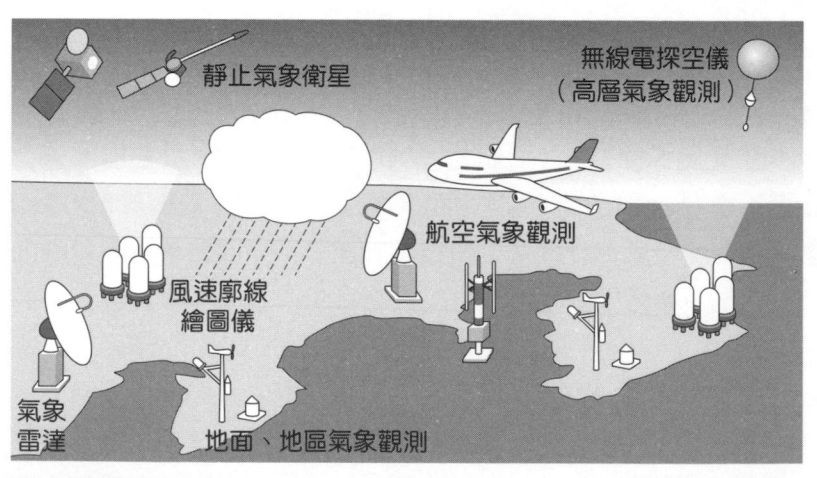

▶圖　氣象觀測的概念圖。包含日本氣象廳在內，全世界的氣象機構，都24小時全年無休地利用各種觀測儀器，觀測大氣的狀態。本圖參考日本氣象廳官網（http://www.jma.go.jp/jma/kishou/know/kansoku/weather_obs.html）繪製。

▬ 品質管理的國際合作體制

觀測資料常常會出現誤差或異常值。每天變化的隨機性誤差，因為誤差幅度不是很大，所以還沒什麼問題；但系統性的誤差（有規律的誤差）就很棘手了。譬如，若氣壓的觀測總是比正常值低1百帕，觀測者有時很難自己發現資料有誤。

這種時候最有效的解決方法，就是如前一節所述，在數值預報中心進行數據同化前的品質管理。在數值預報中心，會針對每一筆觀測，比較稍早之前計算出來的數值預報結果（第一估計值）和周邊的類似觀測，監測觀測的品質，所以往往可以比觀測者更快發現觀測的異常。

WMO會指定負責監視觀測資料品質的監視中心，定期製作可能有異常的觀測地名單，並回報給進行觀測的機構。譬如日本的氣象廳便被WMO指定為品質監視中心，負責對包含西伯利亞在內的亞洲大部分區域進行品質監視。

逐一監視每個觀測地的大量觀測資料，是一件非常費力的事情，但多虧了這個不起眼的工作，觀測員們才能迅速處理觀測的異常，提高觀測品質，對提升天氣預報的精準度有很大貢獻。

5.3——什麼是人類解過最大規模的 逆問題——數據同化？

■ 觀測和數值預報的橋梁：數據同化

數值預報模型的物理模擬，根據的是「只要知道當前的大氣狀態，就能推算出未來的大氣狀態」的法則（4.3節，P.145）。而為了得知「當前的大氣狀態」，氣象專家們每天都不分日夜地進行氣象觀測，並即時在全球交換觀測結果。觀測到目前的大氣狀態後，接下來終於能開始數值預報，但在這之前還有一個重要的步驟。那就是「數據同化」。

要使用數值預報模型，必須先輸入整體大氣狀態的預估值＝初值。然而，我們沒辦法完整觀測到整個地球的大氣狀態。而且，譬如氣象衛星得到的觀測結果，只是大氣釋放的電磁波強度，無法直接得到數值預報模型需要的大氣資訊（氣溫的分布等）。

所以氣象專家們還必須先從觀測得到的片段、間接的資訊，推測出整體大氣的大致狀態。此時登場的，就是利用分析－預報循環（5.1節，P.168），先得出最近的短期預報（第一估計值），再用後續得到的新觀測資料去修正預報，得到分析值的思考方式。

作為基礎的短期預報，不論到底有多正確，至少可以先給我們一個有關大氣整體的估計值。接著再以最近的預報為基礎，在最新得到觀測值的地方，將估計值修正到與觀測值接近，在近期完全沒有新觀測值的地方則不修正，直接採用近期預報。如此一來，就能得到整體大氣的估計值＝分析值。

■ 分析－預報循環跟貝氏機率

雖然有點唐突，但這裡要介紹一下什麼是「貝氏機率」或「貝

氏主義」。所謂的貝氏機率，就是承認人類對世界可認識的知識總是伴隨著不確定性，把一切理論和定律都當成不確定的假說，每當得到新的經驗（觀測事實），就依據此經驗去修正對該假說的置信度（該假說是正確的機率）的思考方式。

站在貝氏立場，這世上所有的事情，其可靠性都可以表示成數學機率，並用數學進行嚴格的討論。雖然聽起來有點哲學或抽象，但現在，現實中很多問題都可以用貝氏機率來解決，近年愈來愈受到重視。譬如現在當紅的人工智慧和機器學習領域，其理論基礎就是建立在貝氏機率之上。

回到天氣預報的話題，稍微用抽象一點的方式來看分析－預報循環的步驟，會發現這方法跟貝氏機率有著共通之處。在貝氏機率中，一個假說在得到新經驗（觀測事實）前後的置信度（該假說正確的機率），分別稱為先驗機率和後驗機率。

那麼，現在我們把分析－預報循環中，作為基礎值的第一估計值、觀測值、以及最後結果的分析值，不要當成確定的唯一值，而是伴隨誤差的機率性變數來思考吧。如此一來，便會發現分析－預報循環，就是一個根據觀測來修正第一估計值的可靠性（先驗機率），來得到分析值及其可靠性（後驗機率）的方法，非常自然地契合貝氏機率的概念。藉由這樣的思考，便可以用機率論這個嚴密的數學理論來思考問題，改善議論的透明度。

譬如，這裡雖然不會詳述，但「用衛星觀測到大氣釋放的電磁波強度時，如何確定氣溫和水蒸氣的分布？」這個問題，是數據同化必須面對的一個難題；而透過貝氏機率來思考第一估計值和觀測值的誤差機率分布，將之數學公式化後，氣象學家才終於有能力解決這個問題。

■ 數據同化是一種逆問題

　　包含物理定律在內的自然定律，都是只要掌握一個切片（輸入），就能得知另一個切片（輸出）的結構。也可說是只要知道原因，就能預測出會有何種結果的因果律。

　　而這種對已知定律套用已知的輸入（原因），來預測未知結果（輸出）的問題，就叫做「正問題」。譬如4.1節（P.136）、4.3節（P.145）講解的氣象模擬和數值預報模型，因為是根據已知的大氣狀態（原因），套用已知的物理定律來預測未來的大氣狀態（結果），所以都屬於典型的正問題（圖1）。

　　而與此相反，以物理定律為線索，從結果（輸出）來反推原因（輸入）的問題，則稱作「逆問題」。從結果反推原因的逆問題，不僅思考方式本身就像推理小說一樣有趣，而且在數學上也非常耐人尋味，且在實用領域也很重要。譬如從地震波的傳遞時間推算地球內部的密度結構、醫院拍的X光照片、檢查胎兒成長狀況用的超音波等等，都是逆問題的應用例子。

　　那麼，接著來思考氣象觀測跟大氣狀態的關係吧。假設我們已經完全掌握大氣的狀態，那麼直接觀測的結果（例如氣壓計的讀數）不用測也很清楚。可是，氣象衛星和雷達等遙測的結果又如何呢？由於大氣吸收、釋放、散射電磁波的機制，不會違反已知的物理定律，所以我們也同樣可以預測出遙測的結果。換言之，從已知的大氣狀態（輸入），求出氣象觀測的結果（輸出）是一種順問題。

　　但數據同化則相反，必須以物理定律為限制條件，從觀測資料（輸出）推測出大氣的狀態（輸入）。從這層意義上，數據同化可說是一種逆問題（圖2）。

　　將數值預報中的數據同化看成一種逆問題，其最大的特徵，就是規模的大小。譬如以整個地球為對象的全球數據同化，一次分析就需要從數百萬計的觀測反推數十億計的變數（大氣狀態）。這在

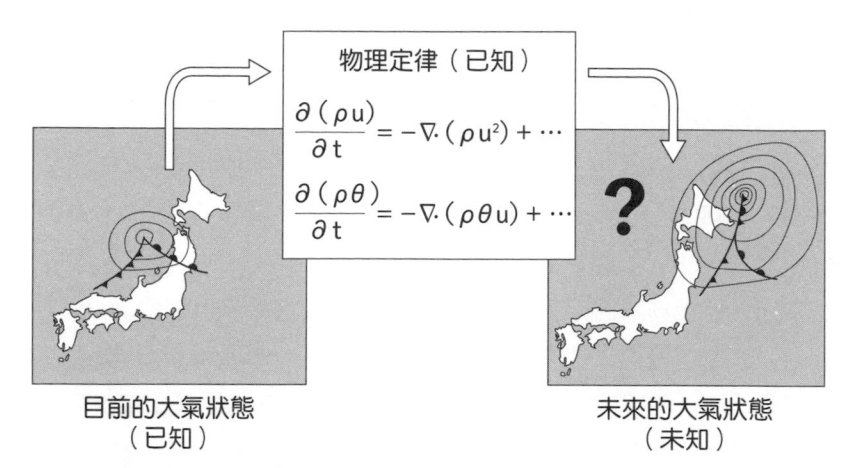

物理定律（已知）

$$\frac{\partial(\rho u)}{\partial t} = -\nabla \cdot (\rho u^2) + \cdots$$

$$\frac{\partial(\rho \theta)}{\partial t} = -\nabla \cdot (\rho \theta u) + \cdots$$

目前的大氣狀態
（已知）

未來的大氣狀態
（未知）

▶圖1　數值預報是順問題。

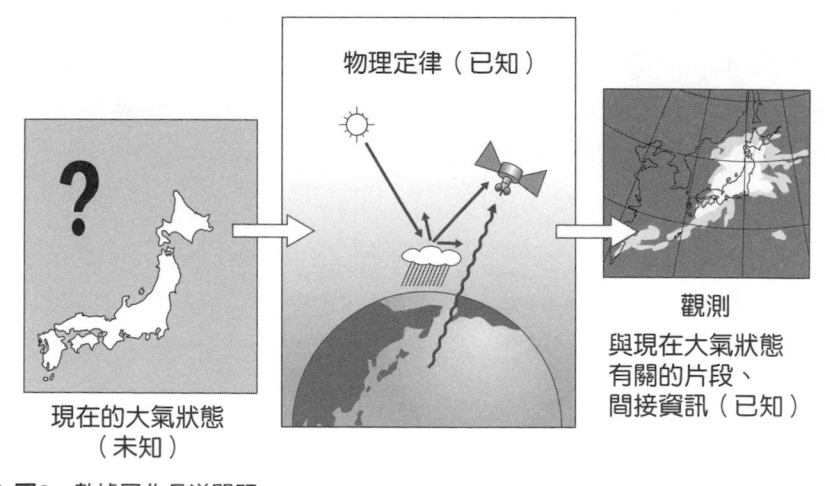

物理定律（已知）

現在的大氣狀態
（未知）

觀測

與現在大氣狀態
有關的片段、
間接資訊（已知）

▶圖2　數據同化是逆問題。

人類解過的逆問題中，規模應可稱得上是最大了。要解這麼大規模的逆問題，當然也需要膨大的計算量，即使對超級電腦也不是一件容易的事。而且，為了趕上每天的天氣預報，這個巨大的逆問題最慢還必須在1個小時內算出結果。因此，為了用最少的記憶體和最快的速度解開這個巨大的逆問題，也就是數據同化作業，在演算法相關技術的開發上，氣象學可說比其他所有領域都來得更先進發達。

在ICT（資訊及通訊科技）高度發展的現代，氣象學以外的各個領域也變得能夠蒐集大量資料；從2010年前後開始，「大數據」成為了流行語。在這個時代背景下，過去為了氣象（及其周邊）領域開發，高效處理大量資料的數據同化方法，已開始用於地震學、航空工學、生物學……等等各式各樣的領域。

數據同化的重要性與大氣力學的混沌性

一如上述，數值預報中的數據同化運算規模非常巨大，所以用到的計算機資源也很龐大。譬如日本的氣象廳，為了同化6小時分量的數據，必須花費數倍於5日預報的計算時間。為什麼明明只是產生初值而已，數據同化卻需要佔據這麼多資源呢？把數據同化佔用的資源，拿去提高數值預報模型的解析度（新聞關鍵字30，P.161）不是更好嗎？各位可能會這麼想。

在整個數值預報系統中，數據同化這麼受到重視，自然是有原因的。那就是大氣力學的混沌性。也就是說，初值的微小誤差，會隨著預報的運算過程快速成長為巨大的誤差（反過來說，只要初值的誤差減少，預報的誤差便可大幅降低），數值預報具有這樣的性質。關於天氣預報跟混沌之間密不可分的關係，我們會在新聞關鍵字33（P.193）詳細解釋。

■ 不起眼的品質管理的重要性

如同前面的說明，數據同化乃是一門用超級電腦運算由高等數學建構而成的理論，超高科技的技術。然而，或許很少人知道，維持數據同化精度的決定性重要因子，其實是觀測資料的品質管理這個不起眼又無趣作業。

資料同化的理論，是建構在觀測誤差會符合常態分布的假設上（意思是，極少發生極端巨大的誤差）。然而，現實中的觀測資料，除了測量儀器的故障外，還可能因為設定的錯誤、程式的臭蟲（錯誤）、通報者的筆誤、又或是風向風速計上停了一隻烏鴉等等，因為各種原因而混入異常值。雖說我們不可能完全避免觀測時的意外，但要是直接把這些有問題的資料拿來用，由於這些情況並不在數據同化的演算法的預想範圍內，便可能因此產出誤差極大的分析值。

因此，氣象廳等單位的現業（現場業務，相對於文職的勞動技術性業務）中心，在進行數據同化前，都會逐一精查每筆進來的觀測數據，避免使用可疑的觀測值。這種處理過程叫做品質管理（QC）。現業系統中的QC設計相當嚴謹，會檢查通報值是在氣象學理上是否合理（譬如東京的地面氣壓通報值若是1090hPa就是異常）、飛機和船泊地觀測值，則檢查航路有無異常（譬如某時刻位於東京灣的船隻，如果1小時之後就從夏威夷附近通報數據，就屬於異常）、與周邊地區的通報值是否相符、通報值跟第一估計值的差距會不會太極端，唯有每個階段都「合格」的觀測值，才會被用於數據同化。

這些處理當然都是自動化的，但判斷哪些觀測值可疑則是由人類負責；若某觀測點的數據連續幾天都有異常的話，就會被列入「黑名單」，不使用該地點的觀測值。黑名單每天都會由人力更新，一如前一節所述，其結果定期跟觀測者分享，用來提升觀測的品質。

支撐著現代社會的這些高科技，其底下仍需要很多傳統的人力作業支撐，這點或許會讓有些人感到訝異。不過，像這樣的例子，除了數值預報外，或許也同樣存在於這世界其他很多領域。

5.4——預測無法用數值預報呈現的現象

■ 數值預報能呈現的現象vs不能呈現的現象

以藉由觀測（5.2節）和數據同化（5.3節）獲得的目前大氣狀態的估計值為初值，輸入數值預報模型（4.3節）計算後，我們終於能得到未來天氣（＝大氣狀態）的預測。然而，數值預報模型是用流體力學的現象來解釋天氣，所以對於不會影響流體的大氣流動，又或者尚不清楚會如何影響大氣流動的現象，就沒辦法呈現。

譬如打雷，是一種對我們的生活有很大影響的現象，但在數值預報模型中就無法直接呈現。這是因為雷電成因的大氣中電場（雲粒摩擦產生的靜電影響的空間性物理量），目前仍不清楚會不會影響大氣的流動，所以數值預報模型會無視。還有，表示白天能看到多遠物體的「能見度」，在數值預報模型中也無法直接呈現。

數值預報所能呈現的現象，除了物理定律外，還受到可計算的「解析度」（新聞關鍵字30，P.161）的極限限制。

譬如，對於未來數天範圍的天氣預報，氣象廳所使用的全球模型解析度大約是20km，所以這個模型所能呈現的地表數值的預報結果，就是每20km方形的地面氣溫平均值。然而，地面氣溫往往只隔幾km就會有很大的差異，所以使用者會希望能有更精細的預報。

■ 預報指引——以數值預報結果為輸入的統計預測

那麼，要預報先前列舉的數值預報無法呈現的現象，究竟該怎麼做呢？遇到這種物理定律仍不明確，或是雖然知道卻沒有足以運算的資源時，統計式的預測手法是一種有效的解決方案。

因此，在日本氣象廳，會先用數值預報製作未來大氣的物理狀

態，把數值預報的結果當成輸入值，用統計方法來預測數值預報無法呈現的現象。這種方法就叫做「預報指引」。而統計式的預測，運用的是「機器學習」的手法。

　　製作預報指引的方法有很多種，但最代表性的方法，是先蒐集數值預報無法呈現但又想要預測的物理量（比如有無打雷或各地點的局部氣溫；稱為「目的變數」）的實際觀測值，以及相同時刻的數值預報模型的輸出（稱為「說明變數」）。然後，利用蒐集到的歷史數據找出兩者的統計學關係，產生可由後者推論出前者的預測式（圖上）。

　　這裡，預測式中存在一種可以自由改變的參數（parameter）※，接著再調整參數，使預測式輸入說明變數後得到的目的變數的預測值，符合實際觀測到的目的變數。而調整參數的行為就叫做「學習」。

　　而實際預測的時候，就將數值預報輸出的說明變數，代入這個事先調整好的預測式，算出目的變數的預測值（圖上）。

　　像這樣藉由大量餵入預測的輸入量（說明變數）和想預測的量（目的變數）的組合（訓練資料），讓模型預先學習兩者的關係，在實際預測時讓模型套用先前學習的關係來輸出預測值的方法，在機器學習中就叫做「監督式學習」。

※　譬如，假設要從數值預報模型輸出的東京周邊20km方形區域平均氣溫，預測東京的特定地點的氣溫。最簡單的預測式，就是「東京特定地點的氣溫」（目的變數）＝「數值預報模型的輸出氣溫」（說明變數）＋b。這裡的b是接下來才要決定的常數，電腦會嘗試用各種值代入b，找出能讓預測式最精準的b值。而預測式中像b這樣可以自由改變的變數，就叫做預測參數。

▬ 統計預測不需要物理學知識？

預報指引使用的機器學習，只關心根據歷史數據得到的說明變數和目的變數的關係，並根據得到的資料建立兩者的預測式。在這個過程中，並沒有直接用到物理學和氣象學定律。然而，這並不是說製作預報指引，完全不需要物理學和氣象學等自然科學知識。製作預報指引時，如何挑選說明變數非常重要，而挑選的工作，必須對要預測的對象有很深的理解。

說明變數增加，預測式中可自由選擇的參數數量也會增加。一旦需要決定的參數變多，就需要更多用來限制參數範圍的訓練資料；而製作訓練資料，則必須觀測過去實際發生的現象，所以不可能無止境地增加訓練資料。若在訓練資料不足的情況下貿然增加說明變數，就可能發生明明用訓練資料預測時很精準，但輸入訓練時沒有用到的最關鍵的實際數值預報資料後，卻做出不準確的預測式的情況。

這種用訓練資料時很順利，但一輸入陌生的資料後就出問題的

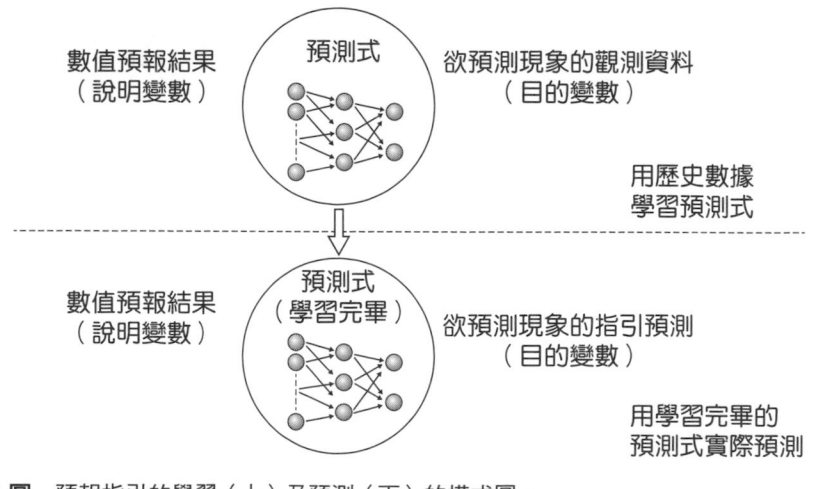

▶圖　預報指引的學習（上）及預測（下）的模式圖。

情形，叫做「過度學習」。而根據氣象學知識，篩選得到想要的預測精度所需，足夠但盡可能少的說明變數，即可防止這種過度學習的情況。

5.5——製作未來的情境

在4.3節（P.145）、5.3節（P.176）、以及前一節，我們看過了天氣預報基礎資料的數值預報和預報指引的製作原理。過程中使用的都是物理學和統計學，出人意料地沒有直接用到任何氣象學，各位可能會感到有些驚訝吧。

數值預報和預報指引，從它們的製作方法就可以看出，必須運用物理學和統計學的知識來解讀，不是普通民眾可以輕易理解的東西。因此，在把它們轉化成簡單易懂的天氣資訊，向普羅大眾發布前，還需要由人類的預報員解讀、翻譯這些數值預報和預報指引。此時就需要用到氣象學的知識了。

數值預報和預報指引，本身只是數值的排列（又或是經過機器視覺化的圖形）。預報員需要把這些機械性的資訊解釋成氣象現象，運用低氣壓、高氣壓、鋒面、大氣穩定度等氣象學的概念，製作接下來會發生的氣象現象（事件）的時間序列概要（圖）。

這個概要被預報員們俗稱為「情境（scenario）」。情境比數值預報產生的客觀預測更容易被人類理解，所以製作情境，可讓接收者更容易迅速掌握接下來到底會發生什麼事。

把數值預報的結果翻譯成情境，也有助於修正預測。雖然數值預報的精準度一年比一年好，但絕對不是完美，在某些特定的氣象條件下，會出現具有特定傾向的偏誤。

預報員的工作之一，就是比較自己根據數值預報結果製作的情境，跟實際的現象＝「實況」推移來「對答案」，藉由過去的經驗和預報員之間的知識分享，看看在哪種情境下數值預報會出現哪一類的偏誤，了解模型的「習慣」。

舉幾個虛構的例子，例如「早春的南岸低氣壓從日本南方向東

移動時，預測速度容易偏慢」、「夏末的颱風在日本東南海面上沿著太平洋高壓邊緣北上時，轉向（前進方向由偏西轉為偏東）後的移動，預測速度容易偏慢」等等。

　　預報員根據經驗了解模型的「習慣」，雖然聽起來就像是工匠憑自身的經驗和直覺來修正數值預報，但其實預報員的所有修正，背後大多都有充分的氣象學根據。

　　譬如，有積雪的地表會愈來愈冷，無積雪的地表會愈來愈熱的冰反照率回饋（新聞關鍵字17，P.86）機制，是無法用數值預報模型呈現的。因此，一旦冬季時模型算出的積雪情況與現實發生偏差，預測出來的氣溫就會跟實際情況愈差愈遠，最後大幅偏離。遇到此類情形，預報員就會比較實際的積雪情形跟模型算出的積雪狀況，適當地修正數值預報，避免出現大幅偏差。

　　實際上，在2018年1月末日本大半地區都被強烈寒流侵襲時，

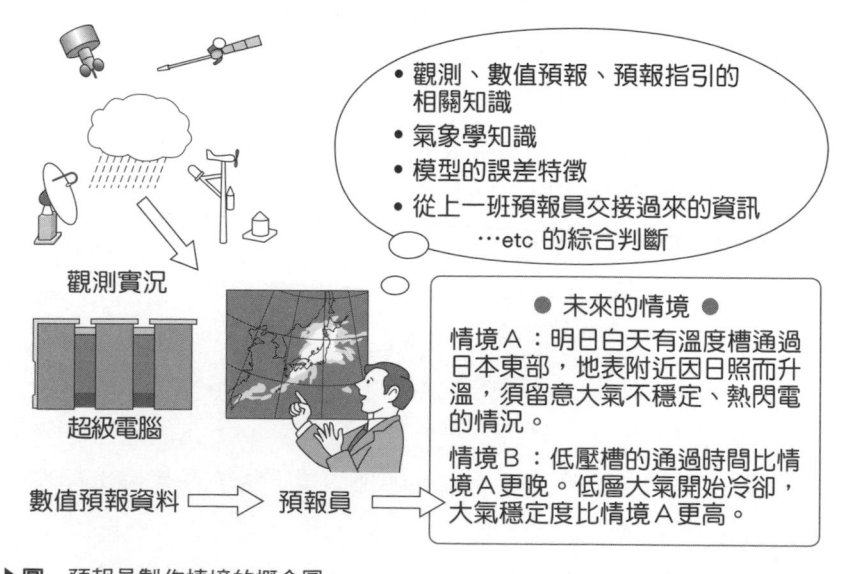

觀測實況

超級電腦

數值預報資料 ⇨ 預報員

● 觀測、數值預報、預報指引的相關知識
● 氣象學知識
● 模型的誤差特徵
● 從上一班預報員交接過來的資訊
　…etc 的綜合判斷

● 未來的情境 ●

情境A：明日白天有溫度槽通過日本東部，地表附近因日照而升溫，須留意大氣不穩定、熱閃電的情況。

情境B：低壓槽的通過時間比情境A更晚。低層大氣開始冷卻，大氣穩定度比情境A更高。

▶圖　預報員製作情境的概念圖。

模型算出的積雪狀況就出現了錯誤，使得東京最低氣溫的數值預報出現巨大偏誤，比實際低了5℃左右；多虧了預報員的修正，最後公布的氣象預報才沒有大幅偏離現實。

　　預報員的工作，不只是製作和修正情境而已。這裡雖然無法詳述，但在有釀災疑慮的現象可能發生時，用白話文向民眾表達情況的緊急性；在歇班的時候檢討、反省過去的預報作業，許多只有人類才能做到的重要任務都是他們的工作。近年，隨著人工智慧的進步，許多人預測未來很多工作都將變為自動化，但扮演機器（自動化的世界，如數值預報等）和人類中介者角色的預報員工作，未來應該也不會消失。

無線電探空儀

　　無線電探空儀，是一種在氣球中填充氫氣（少數用氦氣），將測量儀器綁在氣球上，利用浮力升到空中，測量高空大氣的氣溫、濕度、風向、風速等數據的垂直分布的直接觀測器材（圖1），是數值預報中最重要的觀測方式。橡膠氣球乍聽之下好像沒什麼技術，但最近的無線電探空儀還裝有GPS，可以連續且精準地記錄氣球的位置。因此可以從位置的時間變化正確地測出風速。

　　無線電探空儀的英文（Radiosonde）中的「sonde」一詞源自sounding（探測垂直結構），也就是用來探測垂直結構的機器。而「radio」指的是這種器材是用電波（radio wave）將測量到的數值傳送回地表。

　　無線電探空儀每天會在全球約600個地點投放2次，於世界協調時間的0點和12點（台灣時間早上8點和晚上8點）同時升空（圖2）。全世界在同一時刻同時讓氣球升空，那景象光是想像就很壯觀；而且每天2次，幾十年來未有1天中斷，想到這裡筆者便不禁滿腔熱血。

　　無線電探空儀的氣球大約可上升到離地20～30km的高空，甚至可觀測到平流層。一般噴射客機的巡航高度才10km，而區區的氣球竟然能飛到那麼高，著實令人驚嘆。

　　由於氣球在上升的過程中會隨風漂流，所以以日本為例，大部分的氣球最後會掉在海上，僅有極少數會落在陸地。且就算掉在陸地，也有非常周全的安全保護。氣球在破掉後，感測器的部分會彈出降落傘，慢慢下降。另外，近年感測器的部分已顯著輕量化，在2019年的時間點所用的感測器，重量還不到100g。

　　掛著降落傘降下的感測器,外面還會包裹著泡棉,加上很少人知道無線電探空儀的氣象觀測,所以有時會被誤會成是可疑物品(如炸彈)。實際上,在2018年9月,掉落在福岡縣的無線電探空儀就被當地民眾當成可疑物品通報警察,引起了不小的騷動,還上了新聞。另外,氣象廳使用的無線電探空儀,在泡棉外會用顯眼的文字印上:

▶圖1　無線電探空儀的施放情景。
出處:氣象廳(https://www.jma.go.jp/jma/kishou/know/upper/kaisetsu/html)

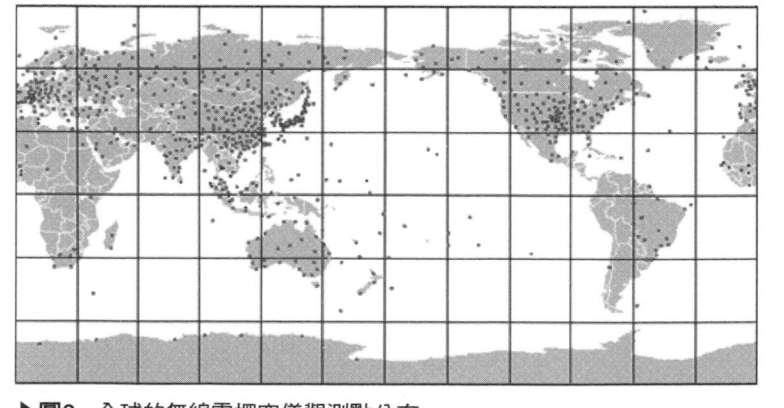

▶圖2　全球的無線電探空儀觀測點分布。
出處:氣象廳(https://www.jma.go.jp/jma/kishou/know/whitep/1-3-3/html)

```
┌─────────────────────────┐
│      氣  象  廳          │
│      氣象觀測器          │
│      非危險物品          │
└─────────────────────────┘
```

　　的標籤，並附上氣象廳相關權責單位的聯絡電話。不過，有時民間的研究機構為了研究也會施放無線電探空儀，而民間的探空儀外面就可能找不到連絡方式。

　　一如前面說的，全世界每天都會在固定時間，一齊施放好幾百個氣象氣球。而有些時候，可能剛好會遇到暴風雨或暴風雪等劇烈天氣；一想到那些為了向大眾提供正確的天氣預報，在嚴酷的環境下努力放氣球的人們，筆者便不禁感到浪漫。各位下次看到天氣圖的時候，不妨也想像一下全世界數百名（也可能超過1000人）技術人員齊心協力向天空施放幾百顆氣球的景象吧。

天氣預報與混沌的發現

　　在晴朗的假日，相信很多人都會全家到淺海的沙灘去撿貝殼吧。而在出行之前，應該也有些人會到民間氣象公司或氣象廳、海上保安廳的網站上，事先調查漲潮和低潮（潮位）時間的預報。而其中一部分的人，可能會不禁納悶──「為什麼同樣是地球上的自然現象，潮位可以在1年之前就精準地預測，但天氣卻連1個禮拜之後的都常常不太準呢？」。這兩者的差異，最大的關鍵是「週期性」。

　　潮汐的起落，可以用天文（重力）和氣象（氣壓）的外部影響，以及海洋本身的內部變化來解釋，而這些變化絕大部分來自太陽和月亮的重力對海水的作用，是由天文現象來決定。太陽和月亮的重力變化是一種週期性的現象。週期性的意思，就是同一件事會反覆發生。週期性的現象，只要現在的條件跟過去發生時的條件相同，就可以參考當時的時間性變化紀錄，正確地預測未來的發展。

　　以潮汐為例，只要觀察太陽、月亮、地球的相對位置，看看上一次跟現在位置相同時發生了什麼事、後來又發生了什麼事，預知接下來也會發生一樣的結果。因此，即使不清楚背後的物理定律，也可以只靠過去的資料正確地做出預測（不過，現在的計算天文現象時都是採用縝密的力學計算）。

　　那麼，天氣是週期性的現象嗎？氣象專家每天在分析天氣圖時，雖然也常常遇到讓人感覺「以前也看過這種氣壓分布」，跟過去的紀錄很像的天氣圖，但大多時候，接下來的天氣變化都跟以前完全不一樣。根據這點，我們似乎可以說天氣不是一種週期性的現象。「從過去的紀錄中找出跟今天天氣圖相似的天氣圖（又叫類比

法），根據過去的發展預測接下來的變化」，這種方法就叫「類比預報」。

在20世紀初首位嘗試用手算進行數值預報的理察森（4.1節（P.136）、4.3節（P.145））在其著作中提到，當時的歐洲曾用過類比法進行天氣預報，但因為這種預報的精準度很差，所以他才產生了物理定律進行數值預報的想法。

美國的氣象學家愛德華・諾頓・羅倫茲，曾研究過天氣的週期性和可預測性，並在1963年發表了劃時代的論文「決定性的非週期流」（Deterministic nonperiodic flow）。羅倫茲認為大氣的流動本質上是非線性的，從外部系統進入的能量會跟因摩擦等原因失去的能量達成平衡，將大氣的流動（這裡是熱對流）模型化，想出了一個非常小的方程式（只有3個變數的簡單常微分方程式），並分析了其解的性質。然後，他得出這個方程式的解沒有週期性，即使初值只有很微小的差異，最後的結果也會隨著預測時間變長而愈差愈大。

如羅倫茲的模型這種只要初值有一點變異，最後的結果就會產生巨大差距的決定性力學系統，在現代被稱為「決定性混沌」，而這種性質則稱為「（決定性）混沌性」。這種混沌性，對一個事件的可預測性有重要的意義。在混沌系統中，不論初值多麼正確，隨著預測時間變長，誤差也會急速放大，最終預測的準確度會變得跟丟骰子從系統的可取狀態中隨便一個出來（隨機預測）差不多，也就是完全無法預測。回到開頭的疑問，天氣之所以沒辦法像潮汐的漲落一樣提前好幾年就正確預測，乃是因為天氣的運動具有混沌性，本質上是不可能進行長期預測的。

大氣的力學實際上具有混沌性這件事，也可以從每天的數值預報結果中看出。附圖是氣象廳數值預報模型，分別輸入51種只有微小差異的初值後，進行1個月積分運算的結果。圖中顯示的是東日本上空850hPa（約距離地面1500m）的氣溫預測與歷年的差值，

為了方便閱讀，圖表用的是前後3日（合計7日）的平均值。在剛開始計算的頭幾天，結果還沒有什麼差異，但接下來就愈差愈大，到了第14天後可看到已經完全亂七八糟。

由此可見，由於天氣的混沌性，要正確預測1週以上的天氣，在原理上是相當困難的。不過，這並不表示科學家完全沒有辦法預測1週以上的天氣。關於這一點，我們會在新聞關鍵字34和35（P.199）解說。

就連羅倫茲模型這種簡單的方程式，也會產生沒有週期性的複雜結果；這個「混沌性的發現」，顛覆了科學界自牛頓以來的決定論式世界觀，震驚了全世界。知道這件事後，有人悲觀地哀嘆「人類居然連這麼簡單的系統都無法預測嗎！」；另一方面，也有人從中看到了希望，認為「既然這麼複雜的現象都能來自如此簡單的法則，那麼像生命現象這種看似無法解釋的複雜現象，說不定背後的法則遠比想像中簡單呢!?」。

而氣象學家們，也沒有對混沌的發現感到悲觀，反而利用了混沌的性質，將各種嶄新的點子引進天氣預報，讓這門技術變得更加進步。譬如，如圖所示，只要稍微改變初值，大量模擬不同的預報結果，就能從結果的分歧情形預測該日的預報有多少不確定性。這種手法就叫「系集預報」，被廣泛用來估算每天天氣預報的置信度。

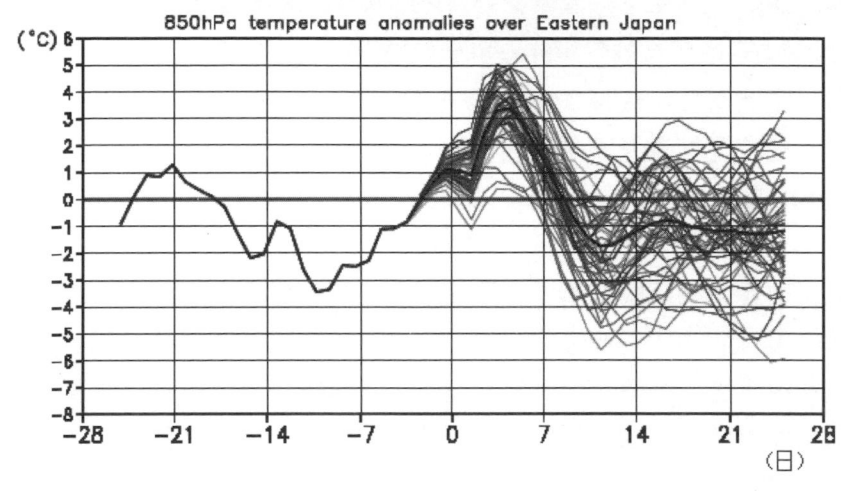

850hPa氣溫偏差 東日本（135E-140E, 35N-37.5N）

▶圖　天氣預報的混沌性。
　出處：氣象廳（https://www.jma.go.jp/jma/kishou/know/kisetsu_riyou/method/
　　　ensemble.html）

【參考文獻】　Lorenz, E. N., Deterministic nonperiodic flow, Journal of the Atmospheric Sciences, vol. 20, 1963, pp. 130–141.

新聞關鍵字 34
決定性預報與機率預報

　　如同4.3節所述，物理定律擁有預測未來的力量。只要確定現在的狀態，未來就會自動依循物理定律而決定，這就是支撐現代天氣預報的數值預報的原理。「根據觀測資料，藉由數據同化從現在大氣的可能狀態中選出正確機率最大的預估值，以此為初值輸入數值預報模型，預測初未來大氣最可能的狀態」，依循此方法得出的預報就叫做「決定性預報」。由於決定性預報只會產生一個最可能正確的結果，對使用者非常方便，是天氣預報最基礎的資料。

　　然而，一如新聞關鍵字33的說明，大氣的力學具有混沌性，所以決定性預報可得出有意義預報（意即準確率高於隨機預測）的時間長度是有極限的。現在的數值預報系統，決定性預報可做出有意義之預測的極限是1週到10天左右。那麼，對於1週之後的天氣，我們難道就束手無策，只能聽天由命，丟骰子來決定嗎？

　　要進行像「下月10號早上9點的東京氣溫是15℃」這種遙遠未來的論斷式預報，也就是用決定論的方式預測大氣狀態在某地某瞬間的數值，很遺憾地，由於決定性混沌的存在，是不可能辦到的。不過，如果是某事件發生的機率，那麼就算有決定性混沌的存在，只要活用系集預報的技術，就能一定程度上進行預測。

　　譬如，以圖（與前一節相同）的例子來說，由於7天後的細線大部分都在0以上（圖中的 b），所以「7天後的氣溫會比往年高」的機率非常大；但14天後則是在0以下的線比0以上的多，因此「14天後的氣溫比往年低」的機率更高；而預測期間的最後，在0以上的線（圖中的 e）跟0以下的線（圖中的 f）數量相差不大，無法確定會比往年高或低，但所有線的波動幅度都在 ±4℃內，故可知出現

異常高溫或低溫的可能性較低。

　　像這樣預測某事件發生機率的預報，就叫做機率預報，與決定性預報相對。

　　機率預報解釋起來很困難，在得到結果後還必須思考要如何下結論，用起來一點都不容易。

　　例如，就算得出「下下週的平均氣溫比往年高1℃以上的機率是70%」的預報結果，而實際上下下週的溫度並沒有比往年高，也無從判斷這個預報到底是準還是不準。因為若機率預報預測的是只發生一次的單獨事件，就算想驗證也沒辦法。

　　機率預報是必須以重複發生的多個事件為對象，在統計上才會有意義的資訊，所以需要機率和統計學的知識。如何把機率性的預測資訊傳達給普羅大眾，是一個橫跨氣象學、統計學、社會學、心理學的困難問題，目前全球都在進行各種不同的研究。

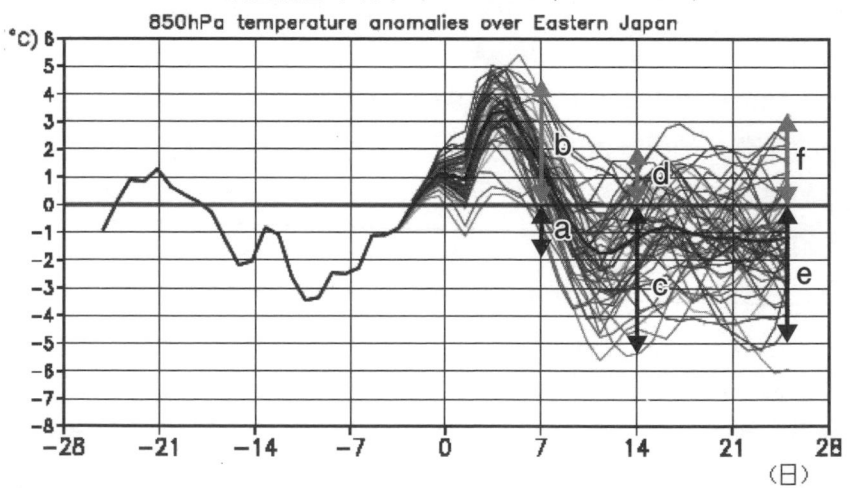

850hPa氣溫偏差 東日本（135E-140E, 35N-37.5N）

▶圖　某日的850hPa氣溫的1個月系集預報值。
（根據新聞關鍵字33的圖加筆。根據氣象廳網站（https://www.jma.go.jp/jma/
kishou/know/kisetsu_riyou/method/ensemble.html）的圖繪製。）

明日預報與季節預報

　　電視新聞的天氣報導，大部分都會先從今天或明天的天氣開始解說，然後再報導未來1週的天氣（一週天氣）。今天和明天的天氣預報一般稱為短期預報，會按照5.1節～5.5節解說的流程，由氣象廳一天3次，每天製作。短期預報基本上都是用決定性預報的形式公布。會清楚標出天氣（晴天、陰天、雨天、下雪等）、氣溫、氣壓、風、濕度等項目的最正確值，方便接收者直觀使用。

　　但是，在降雨（或雪）的部分，會用「降雨機率」來表示降雨的可能性，用機率值預報。這是因為，在會帶來降雨的現象中，像是夏天常見的熱閃電（第6章）等現象，即使以大範圍來看大氣狀態是決定論性的，但實際上到底何時下雨、在哪裡下、會下多少，本質上仍只能知道一個機率。降雨機率是輸入決定性數值預報的結果後（5.4節，P.183），經由預報指引得出統計值，最後再由預報員解釋、修正後公布。

　　觀看新聞節目時，有時會看到「氣象廳發布的1個月預報」或「3個月預報」，跟每天的天氣預報分開來報。儘管它們大多時候仍是在天氣報導的單元出現，但若預報的內容很重要，有時也會跟普通新聞一起報導。這些預報時期較長的天氣預報叫做季節預報，除了1個月預報、3個月預報外，還有長度橫跨半年的暖候期預報和寒候期預報（表）。

　　季節預報這種長期性預報，一如新聞關鍵字33、34所述，不可能進行決定性預報，所以季節預報全部都是以系集預報為基礎，以機率預報的形式公布。因為無法預測個別高低氣壓的推移，所以預報的對象也不是特定時日的天氣或氣溫，而是時空間尺度較大的

整體天候。另外氣溫和降雨量的表現方式也跟短期預報布一樣，是用比往年更高（多）、更低（少）、或跟往年相同的方式來呈現。

　　例如，短期預報的預報形式通常是「4月10日的東京都天氣晴朗，最高氣溫預估在20℃上下」，而季節預報則會是「4月10日到4月16日一週，關東甲信地方的晴天較多，週間的氣溫平均比往年更高的機率為40%，與往年相同的機率為30%，比往年更低的機率是30%」。

　　不過，儘管季節預報的本質如同上記是機率性的，但在電視或報紙上報導時，仍常常採用決定性預報的形式。這或許是報導方考慮到機率預報不容易解讀，特別為收視者調整過的結果。

　　例如氣象廳於2019年4月24日發布的2019年5月～7月3個月預報，公布九州到關東甲信・北陸的大範圍3個月平均氣溫是「比往年高的機率30%，跟往年相同的機率40%，比往年低的機率

表　氣象廳公布的季節預報種類與內容（2019年6月當時）

種類	公布時間	機率預報的對象
1個月預報	每週四	未來1個月的平均氣溫、降雨量、降雪量（只限冬季靠日本海的地區）、日照時數。第1・2・3～4週的平均氣溫
3個月預報	每月25日前後	未來3個月的氣溫、降雨量、降雪量（只限冬季靠日本海的地區）、日照時數。各月的平均氣溫、降雨量
暖候期預報	每年2月25日前後	夏季（6～8月）的平均氣溫、降雨量。梅雨期（6～7月，沖繩、奄美則是5～6月）的降雨量
寒候期預報	每年9月25日前後	冬季（12～2月）的平均氣溫、降雨量、降雪量（只限靠日本海的地區）

　　除了以上之外，還有預報未來2週的5日平均氣溫的「2週氣溫預報」、以及未來2週的異常高溫、低溫或異常降雪的臨時預報「早期天候情報」。

30%」。但好幾家的報社的報導卻是「北日本到西日本的氣溫約
與往年相同」，採用決定性報導的形式呈現。他們應該是因為與往
年相同的機率最高，所以適當簡化了預報的結果；但即便氣象廳公
布的機率非常完美，「與往年相同」的決定性預報命中機率也只有
40%，而失準的機率有60%。

　　或許是因為這樣，筆者身邊（非氣象學領域）的朋友，常常抱怨
「季節預報感覺不太準」。的確，季節預報不像短期預報有那麼高
的精準度。然而，說不定也有可能是本來以機率預報形式發布的季
節預報，被媒體改用決定性預報來報導，才使民眾產生季節預報不
準的印象。

新聞關鍵字 36
用人工智慧預報天氣？

　　2019年，「人工智慧」（AI）的研究和產業化迎來一波爆發，經常成為新聞上的話題。「人工智慧」（AI）是個定義模糊的詞彙，不過一般在新聞上提到人工智慧或AI時，大多時候似乎是指機器學習。機器學習在圖像和聲音辨識領域有很多出色的成果，所以很多人都期待機器學習能在各個領域帶來技術革新；而在天氣預報的分野，試圖引進機器學習帶來新東西的研究也愈來愈多。

　　在天氣預報的領域，其實早在很久以前就一直在使用機器學習。尤其是根據數值預報的結果，預測無法只用數值預報來呈現的現象的「預報指引」，早就已經將機器學習實用化，活用在每天的天氣預報中。這點我們在5.4節（P.183）已經說明過。目前所用的天氣預報，都是把現象的時間發展預測，也就是輸入目前的大氣狀態來預測未來狀態的部分交給數值預報（＝物理定律）處理，然後用機器學習（＝統計、經驗律）來填補無法用數值預報呈現的現象。也就是把數值預報預測的未來輸入模型，用機器學習預測數值預報無法呈現的未來現象，分工處理不同的部分（圖）。

　　從歷史的角度回顧這種分工的背景，最早可以追溯至20世紀前半理察森對類比預報的悲觀看法（新聞關鍵字33，P.193）。由過去的案例預測未來的類比預報，或許也可算是機器學習萌芽的契機。

　　到了20世紀後半，電子計算機問世後，美國啟動了一個比較機器學習這種統計式方法跟數值預報這種力學式方法之優劣的研究計畫（Statistical Forecasting Project）。而羅倫茲參加了企劃，在研究的過程中，發現天氣現象是混沌而沒有週期可循的（新聞關鍵

字33，P.193）。由於決定性混沌的存在，使得地球每天都會發生過去從來沒有發生過的天氣現象。因此，羅倫茲得出了根據歷史資料生成的統計預報方法，無法得到高精度天氣預報的結論。

　　雖然是筆者個人的見解，但羅倫茲的結論，不也同樣完美適用於現在正火熱機器學習嗎？在機器學習中，一旦遇到不在訓練資料範圍內的事件就難準確預測，這個問題早已眾所皆知。因此，使用機器學習預測時，對於顯著現象，也就是過去沒有發生過的現象，特別難以預測。

　　然而，天氣預報最重要的目的之一就是用於防災，所以愈是顯著的現象愈需要正確地預測。而與機器學習相對，基於物理定律的數值預報，則可輕鬆地預測到過去沒有發生過的現象。例如，2016年在北海道和東北地方帶來巨大災害的颱風10號「獅子山」，就有著極其特異的行進路線，是觀測史上首個從太平洋登陸日本東北地方的颱風，但數值預報卻還是精準預測到了。

　　由此可見，從羅倫茲發現的大氣力學的混沌性、無週期性來考量，要預測天氣的時間發展，數值預報（物理預測）會比人工智慧機器學習更合適。假如人工智慧真的能為天氣預報帶來革命，那一定是在預測時間發展以外的部分。與人工智慧有著良好相性的分野，包括以數值預報結果為輸入值的統計預測法「預報指引」（5.4節，P.183），以及觀測資料的品質管理（5.3節，P.176）、數值預報模型中的參數化（4.3節，P.145）等等。

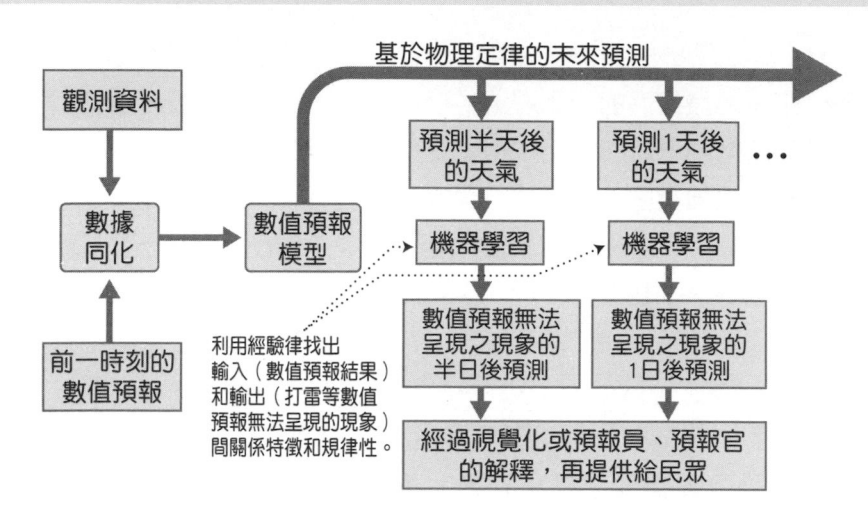

▶圖　目前機器學習用於數值預報中的模式圖。

氣象資料與生產力革命、氣象產業推進聯盟

　　1952年，日本制定了氣象業務的基本制度法「氣象業務法」，在制定條文中明訂了「本法之目的在於謀求氣象業務的健全發展，暨預防災害、保證交通安全、促進產業興隆，增進公共福祉」。換言之早在70年前，促進產業福祉就已經是日本氣象業務的主要目的之一了。

　　然而一直以來，始終只有航空、船運、電力等事業，有認真地把氣象資料運用在業務中。明明其他還有必須看天吃飯或作業效率會受天候很大影響的產業，但過去這些產業一直都不怎麼利用氣象資料，主要有幾下幾個原因：

　　（1）觀測和預測的精度、解析度，尚未達到商用標準

　　（2）與氣象條件跟業務、商務有關之數量（需求、作業效率等）的量化關係不明確

　　（3）沒有（或不知道）可即時取得氣象資料的方法

　　然而，最近十幾年，資訊通訊技術（ICT）和氣象觀測技術、數值預報技術以驚人的速度進化。從氣象資料的產業運用角度來看，（1）的障礙愈來愈小。此外，現在ICT正逐漸滲透各個產業，愈來愈多業務引進IoT技術，達成數位化轉型。有能力分析過去累積的業務資料和氣象資料，提供問題（2）解決方案的顧問服務的民間氣象公司，以及提供機器學習和人工智慧專業知識的新興企業都愈來愈多。而在高速通訊環境完備的現在，（3）也已經不是什麼大問題了。可以說，把氣象資料投入產業應用的時機已然成熟。

　　在日本，因為少子化和高齡化的趨勢，勞動人口正以前所未有

的速度減少。為了解決、緩和嚴重的勞動力不足問題，內閣推動了「生產性革命」政策，並由國土交通省成立了「生產性革命計畫」。而作為本計畫的一部分，氣象廳也發表了「氣象商業市場開拓」報告，於2017年，由產官學三界攜手，成立了以將氣象資料投入產業應用提升生產力為目的的「氣象商業推進聯盟」（簡稱：WXBC）。在2019年，除了氣象業者和基礎建設相關企業外，已有來自航空、小賣業、保險、食料、農業、觀光、通訊、資訊服務等各產業界的企業、團體、學術研究開發機構、中央及地方行政機關等，總計超過600個單位加入，活躍地展開活動。

自氣象商業推進聯盟成立以來，包含有關氣象資料應用的講座，以及提供氣象業者跟產業界的媒合活動等，都積極在日本全國舉辦。另外，為了讓氣象資料更容易用於機器學習等自動處理用途，氣象廳也把各種資料轉換成可被機器閱讀的格式，提供下載。

最近在報紙和電視新聞上愈來愈常看到此類活動。另外也有讓大家集思廣益氣象資料新用法的創意競賽等活動，所以如果你有想到「氣象資料也可以這麼用！」的好點子，請務必報名參加看看。

農業
・生產管理
・霜害對策
・病蟲害
・熱傷害
　⋮

建築
・作業效率化
・危險迴避
・熱傷害預防
　⋮

電力
・可再生能源（太陽能、風力）的發電預測
・電力需求預測
　⋮

航空・船運
・安全保障
・亂流迴避
・迴避流冰
・航道最佳化
・燃料計算
　⋮

食品・飲料
・需求預測
・促銷
　⋮

服裝零售
・需求預測
・配合天候提供穿搭建議
　⋮

陸運
・提升融雪劑噴灑效率
・有計畫地派遣除雪車
　⋮

保險・衛生
・氣象病對策
・熱傷害預防
　⋮

觀光
・預測賞櫻和賞楓期
・雲海等天氣現象的觀光資源化
・旅客安全保障
　⋮

▶圖　氣象資料應用例。

注意報、警報、特別警報

　　相信很多人在看電視的時候，都曾見過「○○市發布大雨警報」一類的跑馬燈，或是政府機關用防災行政無線信號放送的「這裡是防災○○。本地已發布大雨警報」的廣播吧。注意報和警報是守護民眾安全的重要情報，但不見得每個人都知道這些警報到底會在什麼時候發布，發布之後又該採取何種行動。

　　日本氣象廳發布的注意報、警報，除了氣象事件外，還包括地震（緊急地震速報）、海嘯、火山活動等等。而本節將介紹與氣象有關的注意報和警報。

　　在日本，氣象業務法為首的法定，將注意報定義為「當有可能發生災害時，提醒民眾留意的預報」，將警報定義為「當有可能發生重大災害時，警告民眾的預報」。也就是說注意報和警報發布時，代表很有可能發生災害。而負責防災的地方自治團體和基礎建設管理者等機關，會預先擬定當注意報和警報發布時的行動序列（timeline），在實際發布注意報和警報後，根據預先擬定的序列，按照當下的情境隨機應變，進行防災措施。這樣的作法在日本就叫做序列防災。

　　由此可知，注意報、警報是觸發（trigger）防災行動的重要資訊，不得恣意使用。日本氣象廳會詳細調查過去實際發生的災害，以及當時的氣象條件，在與自治團體的防災負責者事先商談、取得共識後，擬定應發布注意報和警報的氣象條件標準（發布基準）。然後，在每天執行氣象業務時，隨時注意目前的氣象狀態和預測資料是否達到先前訂定的發布基準，判斷要不要發布注意報或警報。

　　在日本，注意報、警報的發布和使用方法一直都在不斷改進；

目前的型態是根據2010年的氣象業務法修正案實施。在那之前，政府是把多個市町村劃成同一區域，以區域為單位發布注意報和警報；但在2010年以後，改為直接以市町村為發布單位，由地方自治團體的首長判斷要不要讓居民去避難，可更直接嘉惠民眾。要針對市町村這樣的小範圍空間發布資訊是很困難的事。但多虧了本章介紹的觀測網絡完備和數值預報的精度提升，技術飛躍性的進展，針對市町村發布注意報和警報終於成為可能。

配合2010年市町村警報體制的引進，注意報、警報的發布基準也有了大規模變動。新的基準，如同上述，會反映過去實際災害的有無。意思是，之所以發布警報，代表過去在相同氣象條件下曾實際發生重大災害。所以下次當你居住的地區發布警報時，請產生危機感，立即採取避難行動。

需要發布警報已經是非常危險的狀態，但有時甚至會發生比警報基準高出數倍的異常氣象。譬如2011年，在和歌山縣和奈良縣帶來大水災的颱風12號，短短5天就在紀伊半島降下正常半年分以上的降雨量，帶來破紀錄的異常豪雨。遇到這種異常的氣象條件，特別是空間覆蓋範圍很大的時候，光靠行政單位的防災行動（公助）只能保護有限的生命財產，無論如何都需要每個居民自己產生危機感動起來保護自己（自助），以及家人和鄰居等的互助（共助）。然而，在制度上，因為沒有比警報更強的警戒資訊，所在那種異常狀況下，氣象和防災專家們內心的急迫感，往往難以傳達給一般民眾，成為了新的問題。

為了在異常條件下有一個快速傳達危機感的手段，2013年，日本制定了新加入的特別警報制度。特別警報的發布基準非常嚴苛，只有在真的非常少見，幾十年才會發生一次的重大危機逼近時才會發布。而實際上，在加入此制度後，所有發布特別警報的事件，都的確造成了重大災損（表）。

但雖說制定了特別警報，並不代表原本的警報層級就下降了，會發布警報的依然是很危險的狀況。如果以為「只有發布警報而沒有特別警報就不用擔心」，那就大錯特錯了。實際上，很遺憾地，要正確提前預測到特別警報等級的異常事件，以目前的技術非常困難，所以在特別警報發布的時候，很可能災害早就已經發生了（只是政府還沒掌握災情而已）。所以當你居住的地區發布警報時，請絕對不要心想「反正不是特別警報吧？」，立刻採取避難行動。再重複一次，會發布警報的氣象條件，都是過去實際發生過重大災情的條件，即使最後沒有釀災，也只是這次運氣比較好而已。

表　過去發布特別警報的主要事件

事件名	特別警報的種類	特別警報發布時期	發布區域	受災情況[※1]
2018年7月豪雨	大雨	7月6日～8日	福岡縣、佐賀縣、長崎縣、廣島縣、岡山縣、鳥取縣、京都府、兵庫縣、岐阜縣、高知縣、愛媛縣	死者224名、失蹤者8名、傷者459名；房屋全毀6758棟、半毀10878棟、部分毀損3917棟等。
2017年7月九州北部豪雨	大雨	7月5日～6日	福岡縣、大分縣	死者39名、失蹤者4名、傷者35名；房屋全毀309棟、半毀1103棟、部分損毀94棟等。
2016年颱風18號	暴風、大浪、大潮、大雨	10月3日	沖繩縣沖繩本島地方	傷者13名；房屋半毀1棟、部分毀損18棟等。
2015年9月關東、東北豪雨	大雨	9月10日～11日	栃木縣、茨城縣、宮城縣	死者8名、傷者80名；房屋全毀81棟、半毀7044棟、部分毀損384棟等。
2014年9月11日的北海道豪雨（氣象廳未命名）	大雨	9月11日	北海道石狩地方、空知地方、胆振地方、後志地方	房屋部分毀損1棟；河川、道路多處受損；土石坍方9處等。[※2]
2014年8月豪雨（颱風11號）	大雨	8月9日	三重縣	三重縣內傷者7名；河川、道路多處受損；房屋半毀2棟等。

2014年颱風8號	暴風、大浪、大潮、大雨	7月7日~9日	沖繩縣宮古島地方、沖繩本島地方	傷者30名；房屋全毀1棟、半毀1棟、部分毀損13棟、停電37600戶。
2013年颱風18號	大雨	9月16日	京都府、滋賀縣、福井縣	該3府縣死者2名、傷者12名；房屋全毀8棟、半毀22棟、部分毀損70棟等。

※1 特末特別記述的場合，資料來源皆為該年度的消防白皮書。
※2 出處：札幌市『9.11豪雨對應檢證報告書』。

如何大幅減少游擊式暴雨

下瀨 健一

　　日本新聞上常看到的游擊式暴雨這個詞，在氣象學上其實並沒有明確的定義。因此，明明早上的天氣預報就已經告訴大家傍晚有可能下雷陣雨了，在Twitter等社交媒體上的文章，卻還是常常出現「游擊式暴雨來了」這樣的說法。

　　把雷陣雨稱為游擊式暴雨，單純只是因為沒有聽到「今天可能會有午後雷陣雨」的天氣預報，所以才會感覺像是被大雨游擊。換言之，要大幅減少游擊式暴雨的方法，就是大家每天確實關心天氣預報，讓游擊式暴雨變回普通的雷陣雨。

　　當然，不只是雷陣雨，也有些游擊式暴雨是局部性的大雨。不過，只要確實檢查天氣預報，就能把豪雨的損害減至最低程度。

　　但很遺憾，要每天都準時收看天氣預報並不容易，相信大家一定都有忙到忘記的時候。而對於生活忙碌的人，最好的方法就是平時多跟家人朋友或職場的同事，在聊天問候時順便聊聊天氣的話題。如此一來，就算自己忘了看天氣預報，也能得知今天午後會不會下雨，或是告訴別人今天會有午後雷陣雨，幫助他不要淋成落湯雞。只要每天收看天氣預報，並落實在打招呼時順便問問天氣的習慣，就一定可以大幅減少游擊式暴雨。

第 **6** 章

與災害直連，
劇烈大氣現象的
真面目！

6.1——暴風的真面目為何？

暴風的原理

風會從氣壓高的地方吹向氣壓低的地方。同時，由於地球自轉的影響，在北半球風會受到向右的偏向力。前者稱為「氣壓傾度力」，後者則依照發現此現象的法國物理學家取名為「科里奧利力」（新聞關鍵字1，P.29）。除此之外，風還會受到「離心力」、「摩擦力」的作用。

風的速度，也就是「風速」一旦超過15m/s，就能將人吹倒、破壞農作物或建築，造成極大的損害。當然，這麼強的風並不會常常出現，而是在某些特定條件下才會發生。譬如，當颱風或強盛的溫帶低氣壓來襲時，或是氣壓傾度力極強，出現冬季型氣壓分布的時候。

風對物體力量，等於風速的平方、受風面積、空氣密度、以及某些特定係數全部相乘的積。例如成人受到的風力，在風速10m/s下約等於5kg，在風速30m/s下約等於40kg（根據日本風工學會官網的資料）。颱風接近時的風速可達50m/s，如果正面被這麼強的暴風吹到，就相當於全身被110kg的力擊中。

在日本各地吹拂的局地風

日本各地，存在著各種因地形的影響產生，只在某些特定地區吹拂的強風，俗稱「局地風」。局地風與當地居民的生活息息相關，在每個地方都有獨特的名字。本節根據吉野的研究（1986）和近年的新研究（日下、西，2012；Kusaka and Fudeyasu，2018），整理了日本各地的局地風（圖1）。在這些局地風中，山形縣的「清川出」、岡山縣的「廣戶風」、愛媛縣的「山路風」被譽為日本三大局地風。

　　到底什麼樣的地形會產生局地風呢？廣戶風和山路風，都屬於從山頂向山麓吹下的「下坡風」。所謂的下坡風，就是氣流跨越山脈時，從山的坡面往山麓吹下的強風；其他像是赤城落、筑波落、六甲落也都很有名。以廣戶風為例，便是從岡山縣東北部標高約1200m的那岐山，向南麓的廣戶地區吹拂的強風。這種下坡風並非總是很強，只有在颱風通過和歌山縣南岸，風速急速增大時，才會被稱為廣戶風。

　　至於清川出則是在山形縣庄內町吹拂的「山谷風」。所謂的山谷風，就是在由兩個標高較高的山地夾成的山谷、峽谷，或是谷地出口吹拂的強風。而日本的出風（だし風）則特指從陸地吹向海洋，助帆船出航離港的風。其中以新潟縣的荒川出和愛媛縣的肱川嵐（新聞關鍵字24，P.122）最為有名。

■ 因高樓大廈而產生的高樓風

　　在高樓大廈等大型建築物夾縫間吹拂的風又叫「高樓風」。高樓風依照成因和結構，可分為「下吹」和「上吹」等幾種。高樓風的強度和時空間範圍，會因建築物的形狀、分布、周邊環境而異，十分複雜。根據近年使用數值模擬的研究，科學家已對這種複雜的高樓風結構有相當深入的理解（圖2）。

▶圖1　日本的局地風分布。包含名字和風向。

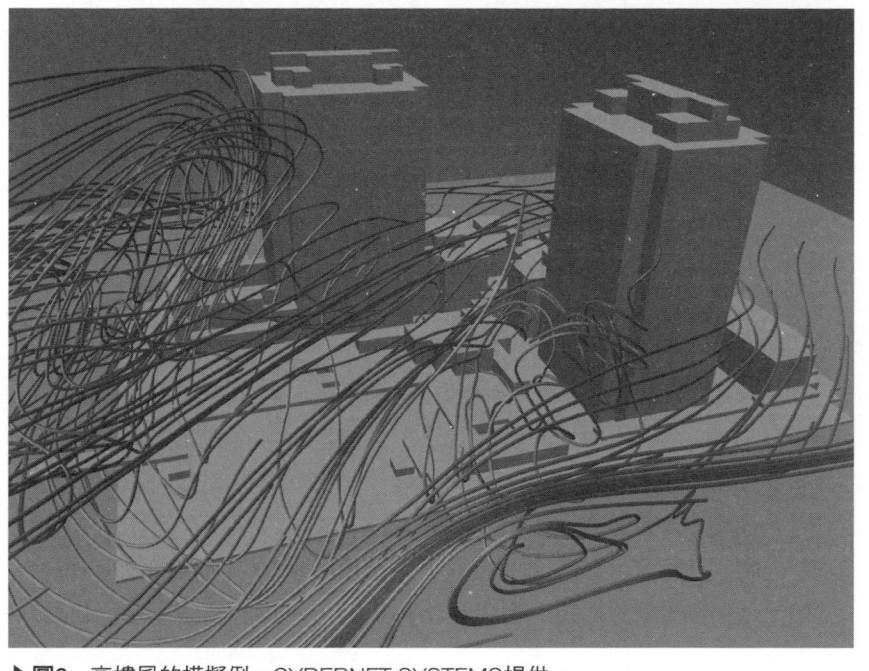

▶**圖2** 高樓風的模擬例。CYBERNET SYSTEMS提供。

【**參考文獻**】 日本風工学会「瞬間風速と人や街も様子との関係」https://www.jawe.jp/ja/
gust.html
　Kusaka, H. and H. Fudeyasu, Review of downslope windstorms in Japan, Wind and
Structures, vol. 24, no. 6, 2017, pp. 637-656.
　吉野正敏『新版小気候』地人書館，1986年，P.298
　日下博幸、西暁史「日本の局地風」『日本風工学研究会誌』第37巻3號，2012年，P.164-
171

6.2——暴雨的真面目為何？
——集中豪雨、游擊式暴雨

■ 暴雨是多大的雨？

根據日本氣象廳的定義，每小時降雨量（時雨量）在30mm以上、50mm以下的雨，就叫做「暴雨」。但就算這麼說，相信很多人還是想像不出來。按照我們的日常經驗，大雨就是像屋頂倒水那樣的雨量，出門時就算撐傘還是會淋濕的雨。

而時雨量在50mm以上80mm以下的雨則叫「大暴雨」，再往上就叫「猛烈暴雨」。到了猛烈暴雨的等級，雨量將使人產生壓迫感、恐懼感，就算撐傘也完全沒有意義。

■ 積雲會降下哪一種雨？

積雲的形成，至少要滿足以下3種條件。

1. 地表附近存在高溫潮濕的空氣
2. 地表的空氣向上流動
3. 高空的氣溫比來自地表的上升空氣低

地表附近的潮濕空氣在高空冷卻後，空氣中的水分子就會凝結，形成積雲，降下雨水。而要形成暴雨，上升空氣的溫度和濕度必須很高，且高空的空氣必須很冷，才能大量凝結雨滴。所以在地面溫度高，而且潮濕溽暑的初夏到初秋這段時間，最容易發生暴雨。

■ 怎樣才會產生足以釀災的雨量？

就算形成了足以帶來暴雨的積雲，也不一定會造成災害。某地點的雨量要達到災害級別，除了積雲本身必須有降下暴雨的能力

外，雲層還必須長時間停留在固定的地方。以下將舉例說明能降下暴雨的積雲如何造成災害。

■ 單一積雲帶來的暴雨
—— 局部性大雨（游擊式暴雨）

若一團具有降下時雨量120mm能力的積雲，覆蓋面積有10km，以時速60km的速度移動，那麼在特定地點能降下的雨量就是20mm；但若以時速10km移動，就能降下120mm的雨量（圖）。單一積雲要帶來災害級的雨量，除了具備強降雨能力外，移動速度還必須夠慢。

這種積雲最容易在形成條件齊備的夏天風速微弱的午後。這種積雲下的雨，範圍通常非常小，但雨量非常大，被稱為「局部性大雨」。局部性大雨很難預測，常常突如其來，所以常常被日本媒體用「游擊式暴雨」來形容。

■ 複數積雲帶來的暴雨——集中豪雨

跟上例一樣的積雲若以時速30km移動，則能在通過的地區帶來40mm的雨量。因此若只有一片這樣的積雲，雨量還不會達到災害級別。然而，若某地點在在3小時內連續通過6片這樣的積雲，雨量就會達到災害級的240mm。單一積雲的降雨量雖然不到災害級別，但複數積雲接連通過相同地點的話，就能帶來災害級的降雨量。

這種情況，經常在地表存在大量暖濕空氣的梅雨鋒面附近出現，當這些暖濕空氣上升到高空，就會不斷形成積雲。當複數積雲在大片地區帶來降雨時，往往會在其中某個地區帶來集中性的暴雨，引發災害，所以這種降雨被稱為「集中豪雨」。

現在的氣象預測技術，雖然可以某種程度預測到梅雨鋒面附近

何時會有積雲形成，但會不會有複數積雲集中通過某個地點仍難以預測（因為只要有一兩片積雲的移動方向偏離，雨量就不會集中），所以還無法預測到正確的雨量。

　　局部性大雨和集中豪雨等暴雨，以現在的預測技術，不到下雨前一刻便很難預測，所以勤於確認氣象廳和民間氣象公司發布的氣象資訊，提早採取避難措施非常重要。

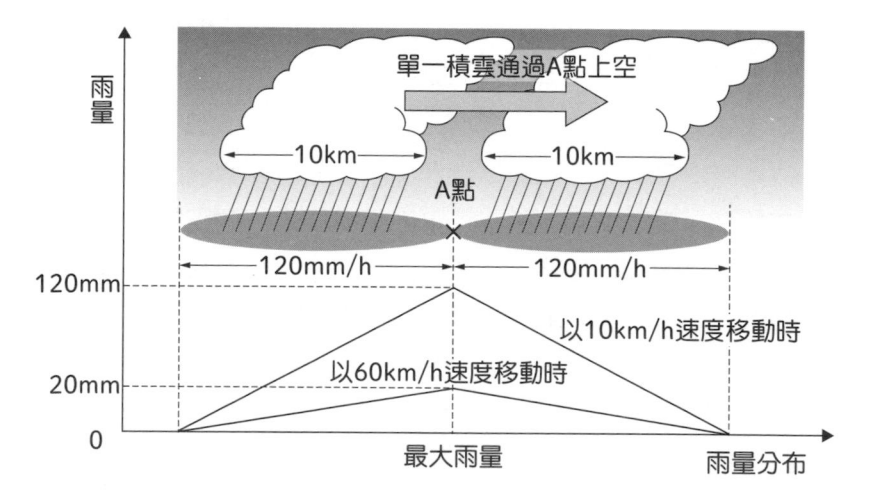

▶圖　具有降下暴雨能力的積雲以不同速度移動時，對A點降下的雨量。

【參考文獻】　気象庁「気象予報等で用いる用語（降水）」https://www.jma.go.jp/jma/kishou/know/yougo_hp/kousui.html

6.3──積雨雲帶來的劇烈氣象
──疾風、雷、雹

■ 積雲內究竟有什麼？

　　積雲帶來的劇烈天氣，不只有前一節介紹的「暴雨」。隆隆聳立的巨大積雲，在向地表降下雨、冰晶、霰的時候，內部也同時發生著從外面無法得知的各種變化。

　　雨水的凝結和降落會影響周圍的空氣，引起突發性暴風。而冰晶和霰的摩擦會產生靜電，引起打雷。霰在落下和上升時會融解、結凍、相黏而變大，形成冰雹。

■ 在小區域帶來極大損害的龍捲風

　　積雲引起的突發性暴風中，最具代表性的就是龍捲風。根據氣象廳的統計，日本陸上至2017年為止的10年間，每年平均發生23次龍捲風。龍捲風的發生至少需要滿足以下條件（圖1）。

1. 地表附近存在比龍捲風本身更大，緩慢旋轉的氣旋（龍捲風的種渦）
2. 在氣旋之上伴隨強力的上升氣流，形成大量積雲
3. 積雲的上升氣流持續將地表氣旋附近的空氣吸到高空

　　當這些條件全部滿足時，原本就存在於地表附近的龍捲風的種渦便會在上升氣流正下方收束，往垂直方向伸展，半徑變得愈來愈小。最後，就跟花式滑冰的旋轉動作原理一樣，當懸臂愈短，旋轉速度就愈快，使氣旋的轉速增加到龍捲風的等級。積雲的上升氣流愈強，或是地表附近的龍捲風種渦的轉速愈快，形成的龍捲風強度愈高。

　　使積雲的上升氣流增強的其中一個要素，就是雲內有大量水氣凝結成雨滴。水在蒸發時會帶走周圍的熱，相反地在凝結時則會向

周圍釋放熱能。因此，若雲內有大量雨滴凝結，雲中的空氣就會升溫，使上升氣流變強。

至於地面附近的龍捲風種渦究竟是如何產生的，目前仍有許多未知之處，還在研究當中。

■ 對戶外工作者造成生命威脅的落雷

落雷不只是會引起停電或火災，直接擊中人體更會致命。根據氣象廳的統計，直至2017年為止的12年間，日本一共發生了1540起雷擊案件。

由於空氣平常是不導電的，所以要形成落雷，積雲中的靜電量必須累積到足以通過空氣。積雲內靜電累積的基本原理，是靠冰晶和霰摩擦產生的靜電，但對於詳細的機制，目前學界的看法仍有分歧。現在最有力的說法，是高橋邵博士提出的理論（Takahashi，1978），認為冰晶和霰在跨過−10℃這條線時，摩擦產生的電荷會反轉，溫度高於−10℃時冰晶帶負電、霰帶正電；溫度低於−10℃時則相反。

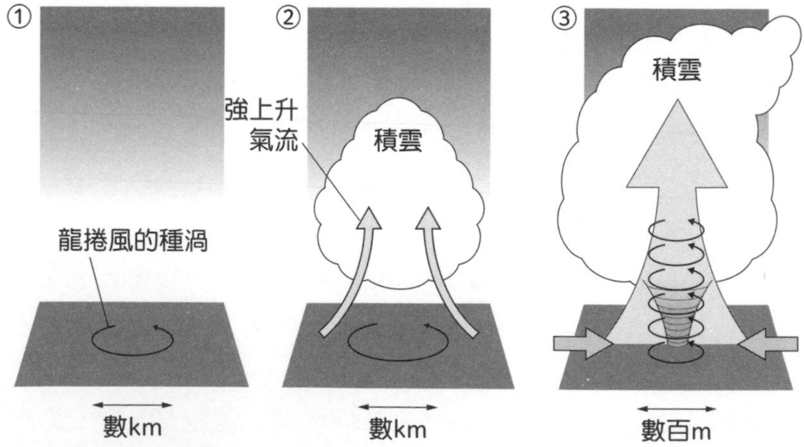

① 龍捲風的種渦
數km

② 強上升氣流
積雲
數km

③ 積雲
數百m

▶圖1　龍捲風的形成條件。

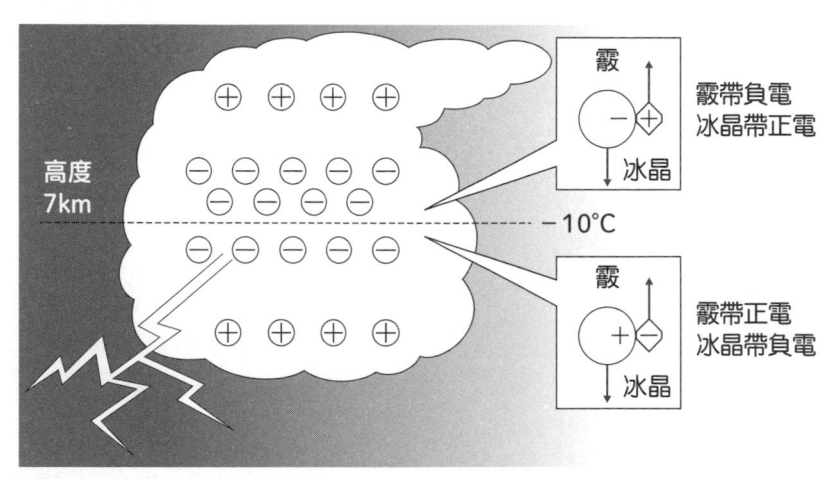

▶圖2　積雲內部靜電產生的原理。

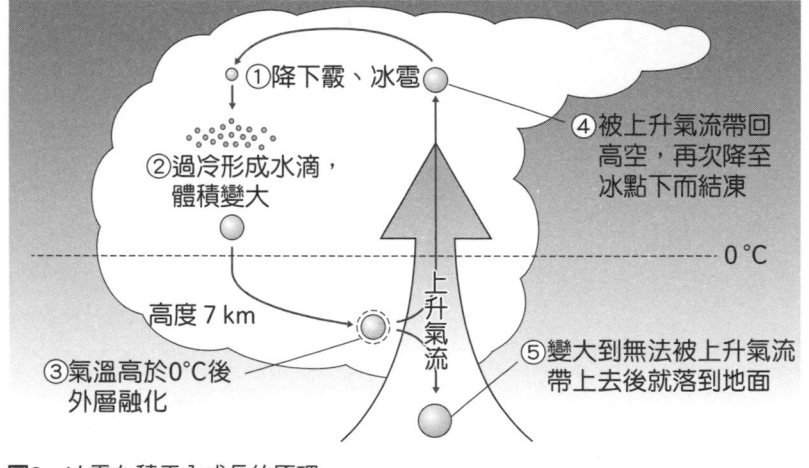

▶圖3　冰雹在積雲內成長的原理。

圖2表示的是靜電在雲中產生的情況。在雲層內，高度愈高則氣溫愈低；夏季時高度7km的空氣大約是－10℃。因此即使是在夏天，凝結的雲粒或雨滴被上升氣流帶到高空後，同樣會結凍形成冰晶或霰。因此在雲中高度在約7km以下的部分，由於氣溫高於－10℃，被上升氣流往上帶的較輕的冰晶，會跟從上空下降的沉重的霰摩擦，囤積正電。而在雲中高度高於7km的部分，霰帶負電、冰晶帶正電，與來自7km以下被上升氣流往上帶的負電冰晶相互作用後，就會囤積負電。霰的重量較重，很少會被上升氣流往上帶；但冰晶很輕，可以被上升氣流帶到雲層上層，所以在雲的上層，因為有很多帶正電的冰晶，會囤積正電。而雲中囤積大量負電的地方通常就會發生落雷。

■ 對農作物造成巨大損害的冰雹

　　冰雹對一般人造成最大的損害，就是把車子或屋頂砸出凹洞。但受雹害最深的其實是農作物。根據農林水產省的統計，在2015年8月1～2日以關東北部為中心發生的冰雹，估計造成了22億日圓的農損。

　　雹是由霰成長而來的東西，根據氣象廳的定義，直徑在5mm以上的霰就稱為雹。目前日本下過有紀錄最大的冰雹，是1917年在埼玉縣降下的，直徑達29.5cm。冰雹要在積雲中長到這麼大，與有能將沉重的雹帶到上空的非常強大的上升氣流存在，以及雲中的空氣流動有關。

　　圖3表示的是冰雹的生成過程。一如在落雷的項目也說過的，雲層中愈往高處氣溫愈低，即使在夏天也可以到零度以下，所以高空會存在霰。水如果慢慢降溫的話，即使到零度以下也不會結冰，可在「過冷」的狀態下保持液體。雲粒和雨滴被運到高空時也可以過冷的狀態存在，但一碰到高空中的霰就會瞬間結凍，使霰變大。

　　只要反覆這個過程，霰就能成長為雹，但光是這樣仍無法長得很大。成長為雹的霰，會被非常強力的上升氣流帶到雲頂，但因為雲頂沒有上升氣流，所以之後就會開始下降。下降到雲的底部後，由於雲內的氣溫升高，雹的周圍會開始融化。接著，下降的雹會再次遇到雲內強烈的上升氣流，被帶回高空，重複一次當初從霰成長為雹的過程。這個過程重複幾次，雹會愈長愈大。因此，把降落到地面的雹剖開來，可以看到跟樹木類似的年輪（圖4）。年輪就代表這塊冰雹在雲中上下來回的次數。

　　當積雲帶來的劇烈天氣可能發生時，氣象廳會發布落雷注意報。而當看到落雷注意報時，除了落雷之外，也必須小心突發性暴風和冰雹。

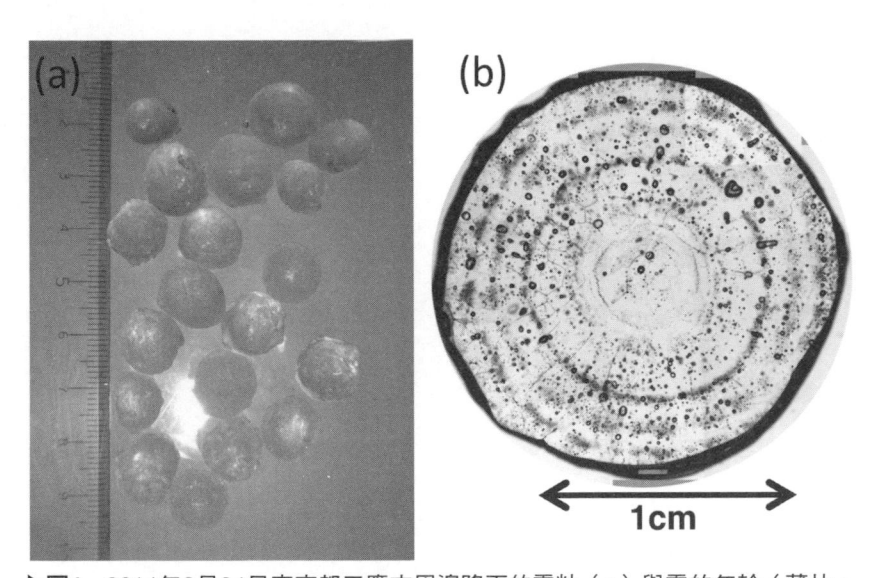

▶圖4　2014年6月24日東京都三鷹市周邊降下的雹粒（a）與雹的年輪（薄片，b）。改編自出世（2014）的圖2。

【参考文献】　気象庁「竜巻等突風データベース」https://www.data.jma.go.jp/obd/stats/
data/bosai/tornado/stats/annually.html
　気象庁「落雷害の月別件数」https://www.jma.go.jp/jma/kishou/know/toppu/thunder1-4.
html
　Takahashi, T., Riming electrification as a charge generation mechanism in thunderstorms,
Journal of the Atmospheric Science, vol. 35, 1978, pp. 1536-1548.
　農林水産省「作物統計調査 平成10年以降の災害種類別の主な農作物被害 主な降ひょう等によ
る農作物被害概況」http://www.maff.go.jp/j/tokei/kouhyou/sakumotu/higai/index.html
　気象庁「気象予報等で用いる用語 降水」https://www.jma.go.jp/jma/kishou/know/yougo_
hp/kousui.html
　熊谷地方気象台「かぼちゃの大きさの雹について」https://www.jma-net.go.jp/kumagaya/
kikou/hyou.html
　出世ゆかり「平成26年6月24日東京都における降雹」『防災科研ニュース"秋"』第186號，
2014，2-3

6.4——強烈低氣壓的真面目為何？

▬ 什麼是低氣壓？

在天氣預報中，常常會看到「高氣壓」和「低氣壓」這兩個詞。看看天氣圖上的等壓線，也就是相同氣壓的地方，會發現有幾處幾乎是圓形的部分（圖1）。若愈靠近圓中心的氣壓愈高，就是高氣壓；愈低的話就是低氣壓。

風會以高氣壓或低氣壓為中心轉圈。在北半球，高氣壓是順時針轉，低氣壓則是逆時針轉。而一般來說，低氣壓的周圍容易形成雲，相反地高氣壓則不容易形成雲。這就是為什麼愈靠近低氣壓，天氣就愈差。

▬ 決定每天天氣的低氣壓「溫帶低氣壓」

低氣壓依照形成、發展的原理、以及結構的差異，可分成幾個種類。而日本人最熟悉的「溫帶低氣壓」就是其中之一（圖1中位於日本東海上和北海道西北的低氣壓）。溫帶低氣壓是來自北方的冰冷空氣「冷氣團」，跟來自南方的溫暖空氣「暖氣團」相撞時，南北溫差造成的能量而誕生、成長的。

有時候，溫帶低氣壓的周圍會出現「暖鋒」、「冷鋒」、「滯留鋒」、「阻塞鋒」等鋒面。這些鋒面的周圍會產生雲。由於溫帶低氣壓和鋒面通常會順著西風由西往東走，所以日本的天氣也通常是由西依序往東開始變壞。

▬ 在夏天襲來的危險低氣壓「颱風」

颱風主要是積雲的集合。在全盛期的颱風中心，有時可看到沒有任何雲層存在的「颱風眼」。從天氣圖上來看（圖1沖繩附近的低氣壓），等壓線像樹木的年輪一樣一圈一圈成同心狀的地方，就是颱風。

溫暖的南海是颱風的故鄉。這片溫暖的海域上存在大量水氣，而這些水蒸氣上升凝結後會放出熱能。於是，上升氣流變得更強，產生大量的積雲。然後，中心附近的氣壓愈來愈低，就會變成熱帶低氣壓；而熱帶低氣壓繼續發展，中心附近的最大風速超過17m/s後，氣象廳就會發布「颱風形成」的警報。

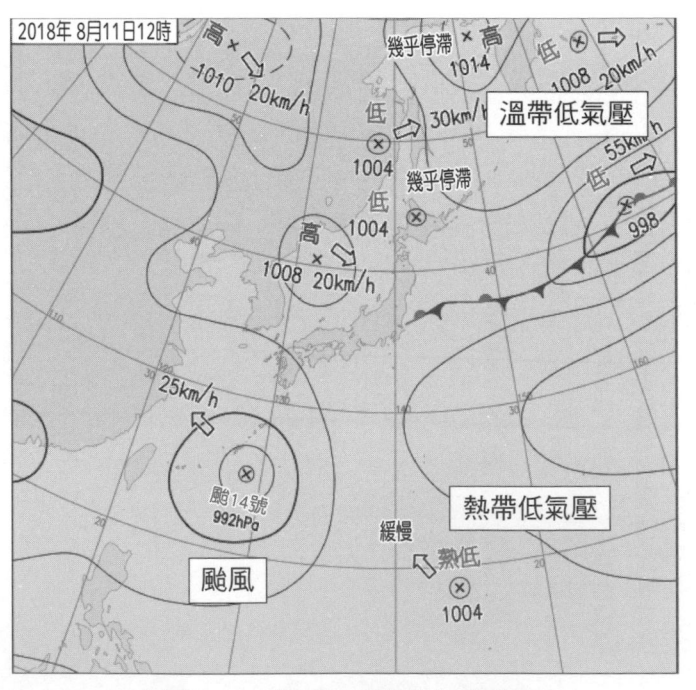

▶圖1　2018年8月11日的地上天氣圖。

━ 在冬天帶來大雪的低氣壓「南岸低氣壓」
和「炸彈低氣壓」

冬天同樣也常常會有強力的低氣壓侵襲日本。在日本列島的南岸一邊發展一邊由西往東走的溫帶低氣壓，就稱為「南岸低氣壓」（新聞關鍵字8，P.43）。南岸低氣壓會在通過的區域從北方帶來強烈的冷空氣，所以常在太平側的縣市帶來大雪。日本首都圈下大雪，都市機能整個停擺，通常都是南岸低氣壓惹的禍（圖2）。

另一方面，在冬～早春的日本海和日本東海上快速成長的溫帶低氣壓，有時會被稱為「炸彈低氣壓」。儘管會因緯度而有不同，但日本氣象廳將炸彈低氣壓定義為氣壓在1天內降低24hPa的溫帶低氣壓。不過現在由於「炸彈」一詞比較敏感，所以近來都改稱「快速發展的低氣壓」。

▶圖2　南岸低氣壓的衛星雲圖。2014年2月15日。

線狀降水帶（後造型對流）

　　電視在播報集中豪雨帶來的災情時，有時會提到線狀降水帶和後造型對流這兩個詞。我們在6.2節（P.218）介紹過集中豪雨是由複數積雲所造成的；而線狀降水帶，則是會帶來暴雨的積雲連續在同一地點發生，並朝同一方向移動，降下大量雨水的現象。由於暴雨的降雨範圍就像一條線，所以有此名稱。

　　而從下雨的積雲角度來看，旺盛的積雲後面接二連三地產生新的積雲，所以叫做「後造型對流（back-building）」。還有另一種說法是因為「上風（後方）的積雲就像蓋高樓一樣一座座林立」，但這其實是誤傳，真正的語源是「在積雲背後（back）造成（building）」的意思。

　　後造型對流產生的線狀降水帶，會在靠近地表的暖濕空氣跟冷空氣的交界發生。這種狀況常常在梅雨鋒面的南側看到。當暖濕的空氣被風吹向冷空氣時，由於暖濕的空氣比較輕，所以會往上升，產生上升氣流，於是形成積雲。

　　積雲降雨時會產生下沉氣流。下沉氣流撞到地面，會往積雲的前後兩邊散開。在積雲的後方，因為有朝積雲風向移動的暖濕空氣，所以撞上積雲的下沉氣流後又會在積雲背後形成上升氣流，產生新的積雲。

　　這個過程重複發生，便會在同一地點源源不斷地產生積雲，並朝同一方向移動，形成線狀降水帶。科學家雖然已經大致明白後造型對流形成線狀降水帶的機制，但對積雲究竟會在暖濕空氣跟冷空氣交界的哪個地方開始出現，以及積雲會在形成處停留多久，依然難以預測，所以目前仍在努力研究中。

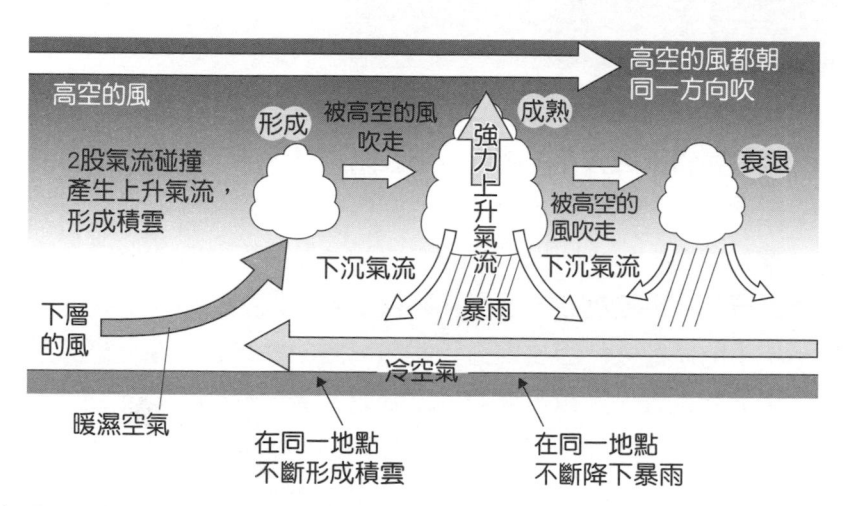

▶**圖** 後造型對流引發降雨的過程。

大氣不穩定

　　大家在看天氣預報的時候，應該常常聽到「明天日本上空會有冷空氣進入，大氣狀態不穩定，須留意大雨、落雷、以及突發性暴風」這類敘述，我們在6.2節（P.218）說明過的積雲的形成條件，其中第三點「高空的空氣溫度比來自地表附近的空氣低」，就是大氣不穩定的狀態。一旦出現這種狀態，由於從地表被運上來的空氣比周圍的空氣輕，所以會被浮力推到更上層，形成積雲。

　　在6.3節（P.221），我們提到大氣的高度愈高氣溫愈低，即便在夏天，於高空7km處也能達到－10℃的低溫。由於夏天的地表氣溫超過30℃，從溫差來看，可能會感覺夏天應該每天是大氣不穩定的狀態。但大氣不穩定的重點，在於高空的空氣溫度跟從地表被運至高空的空氣溫度。

　　來自地表的空氣被運至高空後，由於高空的氣壓較低，所以在上升的過程中空氣會逐漸膨脹。而空氣一旦膨脹溫度就會下降。在雲層中每上升1km，氣溫就會下降6℃左右。因此，來自地表的30℃的空氣來到7km的高空時，已經只剩下－12℃。

　　由於周圍的空氣是－10℃，所以高空的空氣溫度其實比來自地表的空氣溫度高，大氣十分穩定；但若冷空氣滲入高空，使7km高空的氣溫變成－15℃的話，高空的空氣溫度就會比來自地表的空氣溫度低，使大氣變得不穩定。

　　所以說大氣狀態不穩定，必須要有冷空氣侵入高空，或是地表溫度非常高才會發生。

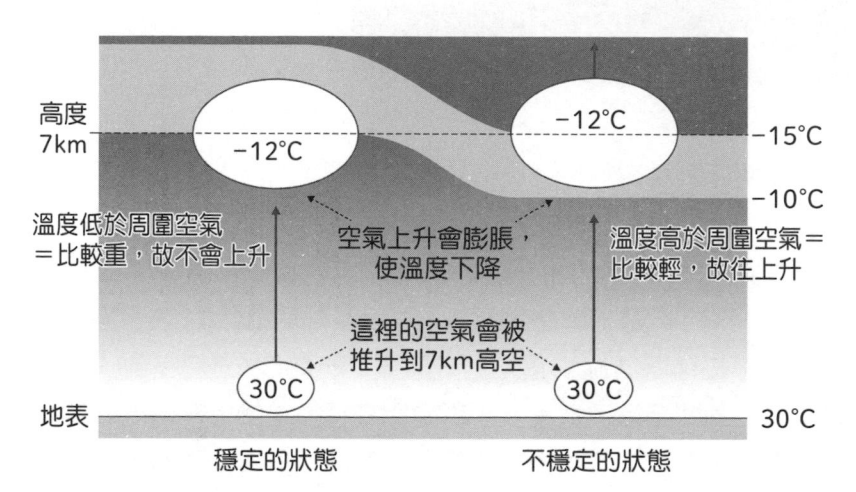

▶圖　大氣的穩定和不穩定之模式圖。

超大胞

　　新聞在報導突發性暴風或冰雹造成的災害時，經常在解說時用到的「超大胞」這個詞彙。超大胞這個名字聽起來雖然很響亮，但它指的其實是非常危險的積雲。所謂的超大胞，就是原本正常壽命只有1小時的積雲，壽命大幅延長（甚至有的超過10小時）的狀態，且雲中存在伴隨氣旋的超強上升氣流。一如在6.3節提到的，積雲之所以對劇烈天氣這麼重要，就是因為積雲中的上升氣流。所以，超大胞常常帶來突發性暴風或冰雹，是非常危險的積雲。

　　超大胞的上升氣流變強的原因很多，其中之一跟超大胞的特殊構造有關。普通積雲的上升氣流形成雲粒，再變成雨滴的時候，會在上升氣流的同一位置落下；而雨滴落下時會帶動周圍的空氣形成下沉氣流，抵銷上升氣流的強度，最後蓋過上升氣流，使雲層消散。而這個過程的時間就是積雲的壽命，大約是1小時左右。

　　圖中表示的是超大胞的構造。由於地表附近的風向跟高空（高度3～10km）的風向夾角是90～180度，在上升氣流中凝結的雨滴會被高空的風流吹到別的地方降下，因此上升氣流和下沉氣流的位置錯開了。這使得上升氣流不會減弱，反而不斷增強，積雲的壽命也變長。

　　超大胞的另一特徵是雲中存在氣旋。如圖所畫，當地表附近的風向跟高空的風向角度相差90～180度時，在地面和積雲之間會產生以水平方向為軸的氣旋。這個橫躺的氣旋會被上升氣流往上扯（垂直方向），產生以垂直方向為軸的氣旋。這個氣旋就叫做中氣旋（Mesocyclone）。

　　超大胞的中氣旋雖不會直接引起龍捲風，但根據美國的研究統

計（Trapp *et al.* 2005），在雲中高度1km的地方有中氣旋存在時，約有40%的機率會引起龍捲風，所以氣象單位會用氣象雷達監視這種氣旋來預測、監視龍捲風。

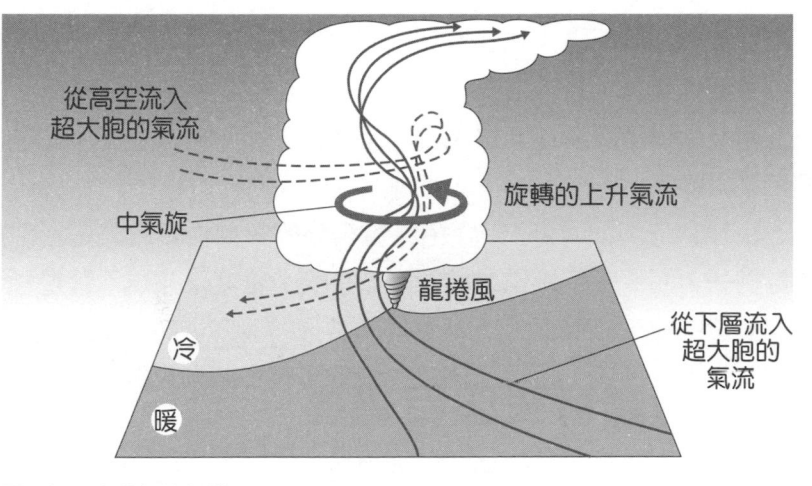

從高空流入
超大胞的氣流

中氣旋

旋轉的上升氣流

龍捲風

從下層流入
超大胞的
氣流

冷

暖

▶圖　超大胞的氣流構造。

【參考文獻】　Trapp, R. J., G. J. Stumpf, and K. L. Manross, A reassessment of the percentage of tornadic mesocyclones, Weather and Forecasting, vol. 20, 2005, pp. 680–687.

下擊暴流

　　夏天時的局部性大雨即游擊式暴雨常常出現在新聞上，且經常伴隨突發性暴風，各位可能都在轉播畫面中看過路人的傘被吹得開花的景象。這種突發性暴風名為「下擊暴流」，經常在下暴雨的時候帶來災害。

　　6.3節（P.221）我們在介紹積雲帶來的突發性暴風時是以龍捲風當例子，而下擊暴流也是積雲造成的突發性暴風之一。龍捲風造成的損害主要來自氣旋，所以龍捲風通過的地方，樹木和房屋會朝各種方向傾倒飛散；而下擊暴流造成的損害，樹木和房屋則會朝同一方向傾倒飛散。

　　下擊暴流是大量的雨滴一口氣下降到地面時，雨滴帶動周圍的空氣所產生的強下沉氣流；當這個下沉氣流撞到地面，便會在暴雨區的周圍引起突發性的暴風。

　　另外，當雲層下方較為乾燥時，從雲中將下的雨滴會在通過乾燥空氣的過程中蒸發。水分蒸發時，周圍的空氣會變冷，所以冷空氣會在雲層的下方快速累積。由於冷空氣比周圍的暖空氣重，所以會下沉到地面形成下沉氣流，在撞到地面時產生突發性暴風。這就是為什麼大雨前後的空氣會比較涼爽。

　　源自積雲下沉氣流的下擊暴流，是一種會對地表造成災害的突發性暴風，在飛機升空和著陸時若遇到的話，就很可能有墜落的危險（1970～80年代曾在美國曾引發墜機事故），所以機場都會配置雷達來觀測大氣的流動。

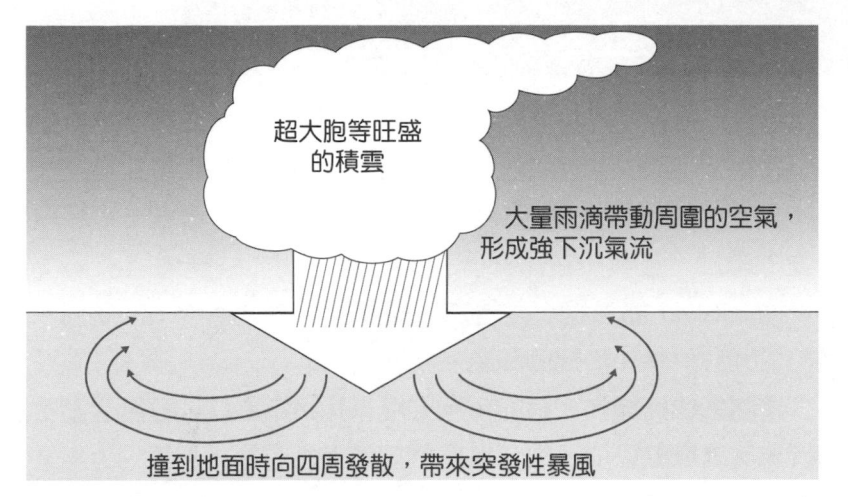

超大胞等旺盛
的積雲

大量雨滴帶動周圍的空氣，
形成強下沉氣流

撞到地面時向四周發散，帶來突發性暴風

▶圖　下擊暴流的模式圖。

颱風快速發展與颱風快速增強

　　當颱風在遙遠的南海上形成時，大家可能都曾在新聞看過「颱風正快速增強，請各位民眾小心警戒！」的報導。幾乎所有的強烈颱風，在其一生中都至少經歷過一次「快速增強」（Rapid Intensification）的過程。換言之，經歷過「快速增強」的颱風，都是防災上必須嚴加警戒的颱風。

　　所謂的快速增強，指的颱風強度以比正常更快的速度急劇發展的現象。氣象學家早在很久以前就知道這個現象，但直到近年才終於明白快速增強的發生機制。

　　根據約近40年在西北太平洋發生的颱風統計，颱風的平均最大風速約是以1天5～10m/s的速度成長。而若將快速增強定義為一個颱風以平均2倍的速度，也就是以15m/s以上的速度成長的話，則快速增強颱風約佔全部颱風的20%（Fudeyasu *et al.* 2018）。平均來看，1年約會出現5～6個快速增強型颱風（圖）。

　　快速增強型颱風除了要海面水溫夠高外，大部分更要在水深50～100m的海水溫度也很高的海上形成。其中尤以菲律賓東邊海域的條件最為符合，很容易出現快速增強型颱風。故這片海域又被稱為「魔鬼海域」。近年也有研究發現，要預測快速增強型颱風的強度十分困難（Ito，2016）。

　　觀察圖中的快速增強型颱風的逐年數量變化，會發現數量高的年分跟數量少的年分相當分歧。平均來看，快速增強型颱風在聖嬰年的數量約是反聖嬰年的2倍之多，顯示聖嬰年特別容易出現快速增強型颱風。更耐人尋味的是，進入2000年代後，快速增強型颱風的發生數更逐漸增加。科學家懷疑是全球暖化導致快速增強型颱

風數量增多，但確切的機制仍不清楚。

　　同時，2015年更是一個颱風特多的年分。是1951年開始統計每年1月至12月各月分的颱風數量以來颱風最多的一年，而且27個颱風中有12個是快速增強型，是有史以來最多的一年。颱風在各個地區都造成災情，由颱風17號和18號造成的鬼怒川氾濫引起的「2015年9月關東、東北豪雨」也是發生在這年。至於今年快速增強型颱風的傾向又是如何？……這點相當值得關注。

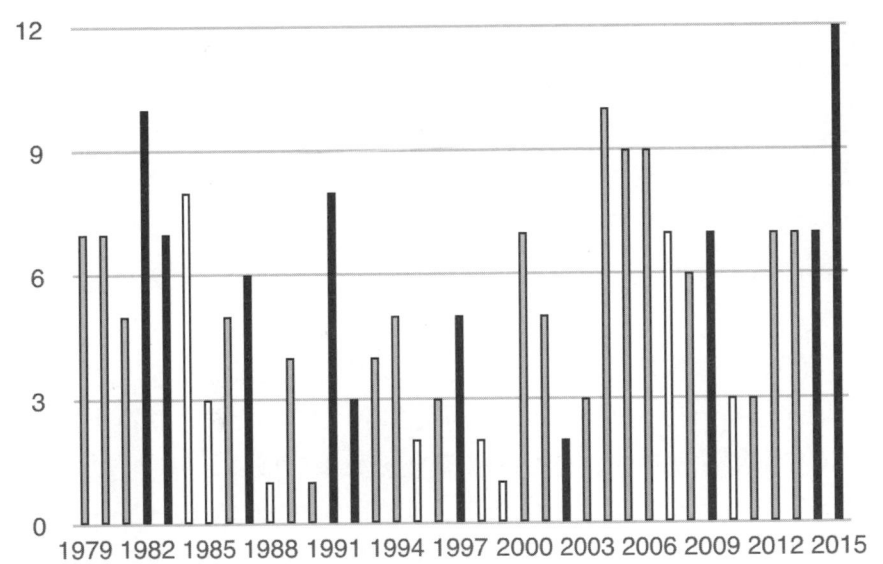

▶圖　快速增強型颱風的逐年變化。黑色是聖嬰年，白色是反聖嬰年，灰色是兩者皆非的年分。

【引用文獻】　Ito, K., Errors in tropical cyclone intensity forecast by RSMC Tokyo and statistical correction using environmental parameters, SOLA, vol. 12, 2016, pp. 247–252.
　Fudeyasu H., K. Ito, and Y. Miyamoto, Characteristics of tropical cyclone rapid intensification over the Western North Pacific, Journal of Climate, vol. 24, 2018, pp. 8917–8930.

溫帶低氣壓化

當颱風過去後，新聞常常報導「颱風在日本海上轉為溫帶低氣壓」。颱風北上來到中緯度帶後，由於氣溫和海面溫度降低，且高空還有西風的存在，環境變得不適合颱風發展，颱風就會無法維持「颱風的結構」。結果，要不是氣旋結構消失，就是轉變成具有鋒面的溫帶低氣壓結構。而後者就是所謂的「溫帶低氣壓化」，或簡稱「溫低化」。

嚴格來說，溫帶低氣壓化指的是颱風結構轉變成溫帶低氣壓的這段時間，可分為溫帶低氣壓化開始、溫帶低氣壓化中、以及溫帶低氣壓化完成。根據統計研究（Kitabatake，2011），在西北太平洋發生的颱風中，約有一半會溫帶低氣壓化。尤其是春天和秋天的颱風特別容易變成溫帶低氣壓，而夏天的颱風比較不容易變成溫帶低氣壓。

變成溫帶低氣壓的颱風，表現上就跟普通的溫帶低氣壓沒什麼兩樣。值得一提的是，就算不再是颱風，也不代表它就不具危險性。在實際案例中，也存在颱風減弱後又重新成長，變成防災上需要特別警戒的猛烈低氣壓的例子。例如2018年的颱風19號，在變成溫帶低氣壓後中心氣壓仍達到990hPa之低，在北海道橫行。只能用「再怎麼不濟也是颱風」來形容！

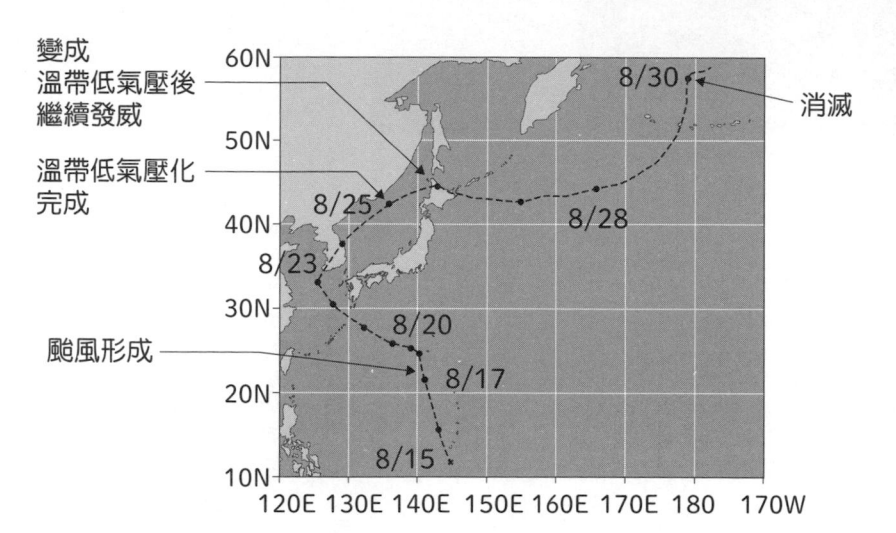

▶圖　2018年，颱風19號在溫帶低氣壓化後的行進路線。

【參考文獻】　Kitabatake, N., Climatology of extratropical transition of tropical cyclones in the western North Pacific defined by using cyclone phase space, Journal of the Meteorological Society of Japan, vol. 89, 2011, pp. 209-325.

颱風與颶風的差異

在電視和網路新聞上，有時可以看到美國被颶風橫掃的新聞。颶風跟颱風有何不同呢？大致來說，這兩種名稱的差異只在生成的海域，無論颱風、颶風、或是在印度洋和南太平洋生成的熱帶氣旋或旋風，本質全都是熱帶低氣壓。

熱帶低氣壓是在熱帶或副熱帶海域生成的低氣壓總稱，其中強度較大就會被歸為颱風或颶風。而熱帶低氣壓的等級，則由每個海域的監視機構定義，各不相同（表）。

日本氣象廳對颱風的定義是「存在於西北太平洋的熱帶低氣壓中，低氣壓區域內之最大風速達17m/s以上的熱帶低氣壓」。而西北太平洋，指的是赤道以北，東經180度以西，馬來半島以東的海域。南海和日本海也包含在西北太平洋的範圍內。

在日本，颱風會依照該年生成的順序給予編號。而除了編號外，颱風通常還會有一個來自動物或星座的名字。這些名字是東亞13國和美國組成的跨國組織「颱風委員會」向各成員國徵集而來，一共登錄有140個。每當颱風形成時，該組織就會按照表上的順序為颱風命名，所以當一個颱風生成時，下一個颱風的名字也早就已經決定好了。由日本提供的有「小熊」、「北冕」等星座的名字。由於每年大約會出現25個左右的颱風，所以大概5～6年所有的颱風名字就會輪完一次。這就是為什麼有時會看到颱風的名字跟以前重複。

另一方面，東北太平洋和北大西洋海域則由美國監視，這些海域上的熱帶低氣壓就叫做熱帶氣旋或颶風。颶風依照最大風速分為1到5級。另外，美國的颱風警報中心，將1分鐘平均最大風速超過

130節（1節為1小時內前進1海里（1.852km）的速度）稱為「超級颱風」。若把氣象廳的觀測換算成國際標準的10分鐘平均最大風速的話，大約風速60m/s以上的颱風就相當於超級颱風。

風速（m/s）	西北太平洋 （日本氣象廳）	北大西洋／ 東北太平洋	北印度洋	南太平洋
0-17m/s	熱帶低氣壓	Tropical Depression	Depression	Tropical Depression
17-25m/s	颱風	Tropical Storm	Cyclonic Storm	Category 1 Tropical Cyclone
25-33m/s			Severe Cyclonic Strom	Category 2 Tropical Cyclone
33-42m/s	強烈颱風	Category 1 hurricane	Very Severe Cyclonic Storm	Category 3 Severe Tropical Cyclone
42-44m/s		Category 2 hurricane		
44-46m/s	非常強颱			Category 4 Severe Tropical Cyclone
46-49m/s				
49-54m/s		Category 3 hurricane		
54-56m/s	猛烈颱風			Category 5 Severe Tropical Cyclone
56-57m/s				
57-61m/s		Category 4 hurricane		
61-70m/s		Category 5 hurricane	Super Cyclonic Storm	
70m/s以上				

注意　北大西洋／東北太平洋，不是用10分鐘平均風速，而是1分鐘平均風速。

藤田級數

　　當龍捲風造成災害時，常常可以在新聞報導中聽到用「藤田級數」來表達龍捲風的強度。所謂的藤田級數，是由在美國活躍的藤田哲也博士制定的（Fujita，1971），目前被美國和日本等國家用來表示龍捲風的強度。

　　由於龍捲風的水平範圍最大也只有1km左右，所以要直接測量龍捲風的風速非常困難。因此，藤田級數採用樹木和建築物的受損情況來推算龍捲風的強度。後來又出現可反映龍捲風受害調查的改良版藤田級數（EF），目前主要在美國使用。

　　在日本，基於在美國發明的藤田級數無法正確衡量日式住宅受損情況的考量，也自己制定了日本版的改良藤田級數（JEF），自2016年4月開始由氣象廳採用。以下介紹JEF級數的等級和風速之間的關係。

表：日本版改良藤田級數的等級跟風速之關係。

等級	風速範圍 （3秒平均）	主要受災情況（參考）
JEF0	25～38m/s	・木造住宅發生肉眼可見的受損，飛散物造成玻璃窗損壞。相對小範圍的屋頂鋪材被吹起、剝離。 ・園藝設施的覆材（塑膠布等）被剝離。溫室的鋼管變形、傾倒。 ・櫥櫃移動、傾倒。 ・自動販賣機傾倒。 ・水泥牆（無鋼筋）部分損壞，大部分傾倒。 ・樹木枝幹（直徑2cm～8cm）折斷，闊葉樹（腐朽）的樹幹折損。
JEF1	39～52m/s	・木造住宅較大範圍的屋頂鋪材被吹起、剝離。屋簷或屋頂隔板破損、飛散。 ・園藝設施大多數地區的塑膠溫室建材變形、傾倒。 ・輕型汽車或普通汽車（小型車）翻倒。 ・正常行駛中的電車翻覆。 ・地上廣告版的柱子傾斜、變形。 ・道路交通標示的支柱傾倒、損毀。 ・水泥牆（有鋼筋）損毀、傾倒。 ・樹木被連根拔起，針葉樹的樹幹折損。
JEF2	53～66m/s	・木造住宅上層結構變形，伴隨牆壁損傷（歪斜、龜裂等）。同時，平房的組成建材損毀、飛散。 ・鋼骨倉庫的屋頂鋪材被吹起、飛散。 ・普通汽車（箱型車）和大型汽車翻倒。 ・鋼筋水泥製的電線杆折損。 ・車庫的股價傾斜、傾倒。 ・水泥牆（有撐牆）的大部分倒塌。 ・闊葉樹的樹幹折損。 ・墓碑翻倒、移位。

【參考文獻】　Fujita, T. T., Proposed characterization of tornadoes and hurricanes by area and intensity, Satellite and Mesometeorology Research Project Report, the University of Chicago, vol. 91, 1971, pp. 1–42.

等級	風速範圍 （3秒平均）	主要受災情況（參考）
JEF3	67～80m/s	・木造住宅上層結構顯著變形、倒塌。 ・鋼骨結構的組合式房屋，屋簷或屋頂隔板破損飛散，或是外牆建材變形、掀起。 ・鋼筋水泥製的集合住宅，因為風壓導致大範圍之陽台等的扶手變形。 ・工廠和倉庫等大型遮蔽物，相對小範圍的屋頂鋪材被吹起、脫落。 ・鋼骨造倉庫的外牆建材被吹起、飛散。 ・柏油路被剝離、飛散。
JEF4	81～94m/s	・工廠和倉庫等大型遮蔽物，較大範圍之屋頂鋪材被吹起、脫落。
JEF5	95m/s～	・鋼骨造組合式房屋或鋼骨造倉庫的上層構造顯著變形、傾倒。 ・鋼筋水泥造的集合住宅，因風壓導致陽台等的扶手顯著變形、脫落。

轉載自氣象廳官網（https://www.jma.go.jp/jma/kishou/know/toppuu/tornado1-2-2.html）

JPCZ（日本海極地氣團輻合帶）

　　如果住在日本的話，相信每個人每隔幾年就會在電視上看到東北到山陰的日本海側下大雪，導致車輛和電車長時間動彈不得的新聞。而當這類新聞被報導時，有時會出現JPCZ（Japan sea Polar air mass Convergence Zone：日本海極地氣團輻合帶）這個關鍵字。

　　JPCZ一如其名，指的是冬天從大陸吹來的冷空氣，在日本海上與相反方向的風交會的帶狀區域。當兩個相反方向的風交會時，會產生上升氣流，使來自溫暖海域的暖濕空氣被日本海上的冷空氣推升，在海上形成會降雪的積雲。在海上成長的積雲接連飄到陸地後，就會在日本海側的平原地帶降下大雪。

　　在幾乎沒有海島的日本海上，之所以會產生兩股方向相反的風，一般認為是來自大陸的冷空氣在吹到日本海前，會先通過朝鮮半島根部的山岳地帶所造成。朝鮮半島根部有很多標高超過2500m的高山，而來自大陸的冷空氣無法跨越山脈，就只能從旁邊繞路。繞過山脈的風會在下風處的日本海上重新會合，便形成了一路延伸到日本，兩股異向風交會的帶狀區域。

　　JPCZ會隨著冷空氣的風向，在日本東北到山陰這段區域移動。當在新聞上看到大雪報導的時候，就代表JPCZ在同一地區滯留了長達半天左右，如同集中豪雨的原理，有複數積雲接連在同一地區降雪。

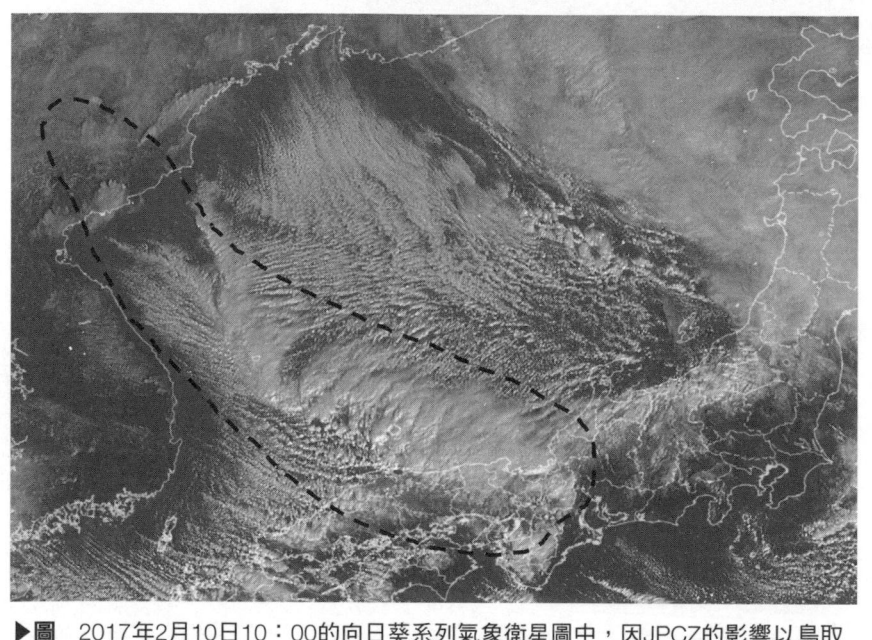

▶圖　2017年2月10日10：00的向日葵系列氣象衛星圖中，因JPCZ的影響以鳥取縣為中心降下的大雪。虛線圈出的區塊，是朝鮮半島的山區以及隨附的JPCZ產生的積雲。衛星圖取自NICT Science cloud向日葵衛星資料檔案庫（https://sc-web.nict.go.jp/himawari/himawari-archive.html）。

c o l u m n

即時損害預測「cmap」　　　　　　　　筆保 弘德

　　2018年7月6日，我在關東地方的大學經營相關者的集會上，發表了一場以近年的氣象災害和防災對策為主題的演講。演講上，我展示了自2017年起氣象廳實施的新防災氣象資訊，表示這些資訊對大學經營而言十分重要。氣象廳網站上公布的防災氣象資訊，依照日本個別地區，即時提供了未來數天發生警報級的洪水、淹水、土石災害的可能性情報。舉例來說，如果大學經營者可取得3天後上學路徑上發布警報的可能性資訊，就能提前對學生和教職員下達避難指示或因應措施。

　　我本打算像平常一樣，展示網路上目前發布的防災氣象資料來當作演講的結尾，但看到畫面上不同於平時的紅色危險區塊後，連我自己也不禁目瞪口呆。代表高土石災害和洪水風險的顏色，以前所未見的面積覆蓋了整個區域。於是我拚命向聽眾傳達事情的嚴重性，告訴他們「現在發生了很不得了的情況」、「請大家通知自己住在西日本的親友」。

　　自6月末便滯留在北海道附近的梅雨鋒面，在7月6日一路南下到九州地方，在西日本到東海地方帶來了滂沱大雨。然後長崎、福岡、佐賀7月6日17時，廣島、岡山、鳥取在19時，京都、兵庫在22時，分別發布了大範圍的大雨特報。這就是「2018年7月豪雨（俗稱西日本豪雨）」。因為河川氾濫、堤防決堤，各地相繼發生淹水和土石災害，超過5萬棟民宅全毀或半毀，泡在水中；死亡、失蹤者超過200人。看到這種毀滅性的災情，身為氣象學家的我不禁感到撕心裂肺。

　　2018年7月的豪雨，早事發在數天前，氣象廳便已預測到西日本地區會發生警報級的豪雨。可是，明明科學技術進步了那麼多，預測精準度大幅提升，卻還是發生了這麼嚴重的災情呢？答案之

一，就是「表達方式難以讓民眾採取避難行動」。氣象專家不能光用「每小時降雨量100mm以上的豪雨」這種數值性的預測，也不能只是發布防災氣象資訊等警報風險或特別警報，必須更用心提供有價值的資訊，讓民眾能夠產生切身的危機感。

2019年6月，MS & AD保險集團的愛和誼日生同和損害保險公司、怡安奔福日本公司、以及我所屬的橫濱國立大學進行產學共同研究，設立了「cmap.dev即時災害預測」網站（https://cmap.dev）。這是一個在大雨或暴風發生、颱風來襲、地震發生時，可以即時依照日本市區町分類，預測受損建築物棟數的公開系統。聽到自己居住的地方將會有1000棟民房受損這種貼近生活的警報，相信原本不會採取避難行動的人們也會感到切身之急而採取行動……這個系統便是在這樣的想法下開發的。

而且，這個系統在平日也可以用來查詢過去受災時的建築物受損情形。以觀測史上在日本造成最多犧牲者的1995年颱風15號（俗稱伊勢灣颱風）為模型，假設現在有一個跟伊勢灣颱風一樣的颱風侵襲你住的地區，你就可以看到自己住的地方會有多少建築物受損。只要像這樣從平時就提高民眾的防災意識，等到災害真的發生時便能採取正確的避難行動。請各位都上網來看看這個會動的災難地圖「cmap」吧。

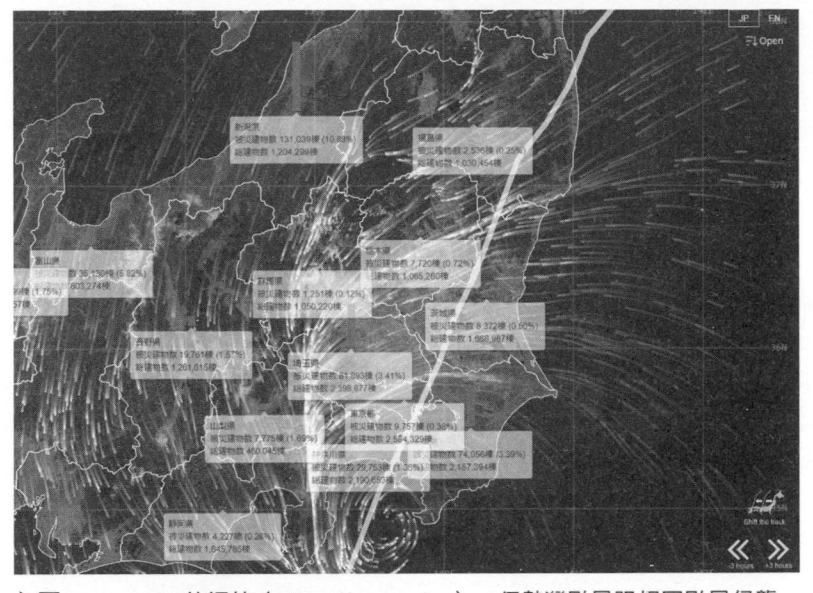

▶圖 cmap.dev的網站（https://cmap.dev）。伊勢灣颱風跟相同颱風侵襲
關東地方時的受災預測範例。

編著者

● **筆保 弘德**（Fudeyasu Hironori）
橫濱國立大學教育學部副教授
專門：颱風、局地風。京都大學研究所理學研究科出身。博士（理學）。

● **山崎 哲**（Yamazaki Akira）
海洋研究開發機構（JAMSTEC）附加價值情報創生部門應用實驗室研究員
專門：大氣力學（特以阻塞高壓現象）。九州大學研究所地球行星科學專攻出身。博士（理學）。

著 者

● **堀田 大介**（Hotta Daisuke）
氣象廳 氣象研究所 氣象觀測研究部 主任研究官
專門：數值預報（特以數據同化和力學過程）。美國馬里蘭大學研究所生命環境科學研究科出身。博士（理學）。
Ph.D（應用數學）。

● **釜江 陽一**（Kamae Youichi）
筑波大學生命環境系 助教
專門：氣候變遷、大氣海洋交互作用。筑波大學研究所生命環境科學研究科出身。博士（理學）。
2014年獲頒日本氣象學會山本賞。

● **大橋 唯太**（Ohashi Yukitaka）
岡山理科大學 生物地球學部 生物地球學科 教授
專門：局地氣象學、生物氣象學、都市氣候學等。京都大學研究所理學研究科出身。博士（理學）。

● **中村 哲**（Nakamura Tetsu）
北海道大學研究所 地球環境科學研究院 博士研究員
專門：氣候力學、平流層、北極的氣候變遷。東海大學聯合研究所地球環境科學研究科出身。博士（理學）。

● **吉田 龍二**（Yoshida Ryuji）
CIRES University of Colorado Boulder / NOAA Earth System Research Laboratory, Research Scientist II
專門：中尺度氣象學、熱帶大氣、數值模型。京都大學研究所理學研究科出身。博士（理學）。

● **下瀨 健一**（Shimose Kenichi）
防災科學技術研究院（NIED）水・土砂防災研究部門 特別研究員
專門：中尺度氣象學（特以豪雨、龍捲風等積雲相關的現象）。九州大學研究所地球行星科學專攻出身。博士（理學）。

● **安成 哲平**（Yasunari Teppei）
北海道大學 北極圈研究中心・國際聯合研究教育局北極圈研究Global Station（廣域複合災害研究中心兼務）助教。
專門：從事以環境科學領域為主的天氣、氣候、雪冰、氣膠體相關研究。曾於美國NASA/GSFC從事6年的積雪汙染、氣候模型開發研究工作，現主攻森林大火和空氣汙染的研究。北海道大學研究所環境科學院出身。博士（環境科學）。獲頒平成31年度科學技術領域文部科學大臣表彰年輕科學家賞。

國家圖書館出版品預行編目(CIP)資料

氣象術語事典：全方位解析天氣預報等最尖端的氣
象學知識/筆保弘德等著；陳識中譯. -- 初版. --
臺北市：臺灣東販股份有限公司, 2020.12
256面；14.8×21公分
ISBN 978-986-511-541-8(平裝)

1.氣象學 2.術語 3.通俗作品

328   109017049

NEWS TENKIYOHOU GA YOKUWAKARU
KISHOU KEYWORD JITEN
©HIRONORI FUDEYASU 2019
©AKIRA YAMAZAKI 2019
©DAISUKE HOTTA 2019
©YOUICHI KAMAE 2019
©YUKITAKA OHASHI 2019
©TETSU NAKAMURA 2019
©RYUJI YOSHIDA 2019
©KENICHI SHIMOSE 2019
©TEPPEI YASUNARI 2019
Originally published in Japan in 2019 by
BERET PUBLISHING Co., Ltd.
Chinese translation rights arranged through
TOHAN CORPORATION, TOKYO.

氣象術語事典
全方位解析天氣預報等最尖端的氣象學知識
2020年12月1日初版第一刷發行

作　　者　筆保弘德、山崎哲、堀田大介、釜江陽一、大橋唯太、
　　　　　中村哲、吉田龍二、下瀬健一、安成哲平
譯　　者　陳識中
編　　輯　吳元晴
特約美編　鄭佳容
發 行 人　南部裕
發 行 所　台灣東販股份有限公司
　　　　　＜地址＞台北市南京東路4段130號2F-1
　　　　　＜電話＞(02)2577-8878
　　　　　＜傳真＞(02)2577-8896
　　　　　＜網址＞http://www.tohan.com.tw
郵撥帳號　1405049-4
法律顧問　蕭雄淋律師
總 經 銷　聯合發行股份有限公司
　　　　　＜電話＞(02)2917-8022